Hasso Plattner | Christoph Meinel | Ulrich Weinberg

Design Thinking

mi

Hasso Plattner | Christoph Meinel | Ulrich Weinberg

Design Thinking

Innovation lernen – Ideenwelten öffnen

Bibliografische Information der Deutschen Nationalbibliothek

Die Deutsche Nationalbibliothek verzeichnet diese Publikation in der Deutschen Nationalbib-
liografie. Detaillierte bibliografische Daten sind im Internet über http://dnb.d-nb.de abrufbar.

ISBN 978-3-86880-013-5

© 2009 by mi-Wirtschaftsbuch, FinanzBuch Verlag GmbH, München
www.mi-wirtschaftsbuch.de

Bearbeitung: Friedhelm Schwarz, Kronenburg
Lektorat: Michael Schickerling, München
Umschlaggestaltung: Jarzina Kommunikations-Design, Holzkirchen
Umschlagabbildung: HPI School of Design Thinking, Potsdam (deutsche Übersetzung der
       Serviette, auf der David Kelley und George Kembel die Prinzipien der
       School of Design in Thinking in Stanford niedergelgt haben)
Bildnachweis: Deutschland – Land der Ideen (26, 32),
       DIW Berlin (35, 36, 41, 45, 47, 49),
       Hasso Plattner Institute of Design, Stanford (114)
       HPI School of Design Thinking, Potsdam (alle übrigen Fotos)
Satz: Manfred Zech, Landsberg am Lech
Printed in Austria

Inhalt

Vorwort

Einmal in Berührung gekommen mit dem Design Thinking, mit dem es multidisziplinären Teams gelingt, in offenen Räumen und sehr nah am zukünftigen Nutzer in allen Bereichen des Lebens Innovation zu schaffen, hat es die drei Autoren nicht mehr losgelassen, in ganz unterschiedlichen Rollen diesem faszinierenden Denk- und Entwicklungsansatz Mittel und Raum zur weiteren Entfaltung zu schaffen. Während im deutschsprachigen Raum der Begriff Design landläufig lediglich verbunden wird mit der Gestaltung von Oberflächen, geht es beim Design Thinking um mehr, nämlich um das nutzerorientierte, teambasierte Erfinden und Entwickeln.

Tatsächlich werden heute in unserer arbeitsteiligen modernen Welt technische und gesellschaftliche Entwicklungen überwiegend im Kreis hoch spezialisierter Fachleute gedacht, erarbeitet, diskutiert und umgesetzt. Die enorme Komplexität moderner Verfahren und Produkte macht es zunehmend schwierig, auch Endnutzer an den Entwicklungen teilhaben zu lassen und Fachleute anderer Disziplinen zu Rate zu ziehen. Im Ergebnis steht der Nutzer dann oft ratlos vor dem erzielten Ergebnis. Computerprogramme kommen mit Bedienoberflächen daher, die aufgrund überbordender Funktionalitätsangebote eigentlich unbedienbar sind und sich erst nach langer, mühseliger Schulung nutzen lassen. Produkte und Dienstleistungen kommen auf den Markt, die so eigentlich keiner haben wollte; andererseits sind aber Produkte und Serviceangebote nicht verfügbar, die dringend gebraucht oder gerne in Anspruch genommen würden.

Hier Abhilfe zu schaffen, ist eines der Ziele des Design Thinking. Menschen das Selbstbewusstsein zu vermitteln, im Team wirklich Innovatives entwickeln und erfinden zu können, ein anderes. Insbesondere die beiden Schools of Design Thinking an der Stanford University in Palo Alto und am Hasso-Plattner-Institut (HPI) in Potsdam, von der im Buch viel die Rede sein wird, machen das große Potenzial des Design Thinking deutlich. Junge Menschen, ganz normale Studenten unterschiedlicher Fächer und Disziplinen, die kurz vor dem Abschluss ihres Universitätsstudiums stehen, erleben hier, wie sich im Team kreative Potenziale zur Lösung auch sehr komplexer technischen Fragen oder schwieriger gesellschaftlicher Probleme wecken lassen.

Dieses Buch ist ein erster Erfahrungsbericht zum Design Thinking. Es wird späteren Publikationen vorbehalten bleiben, tiefgründige theoretische Konzepte und schlüssige Theorien zum tieferen Verständnis des Design Thinking und seiner einzelnen Komponenten vorzulegen. Wir erwarten, dass das 2008 neu aufgelegte gemeinsame Forschungsprogramm zum Design Thinking von Wissenschaftlern der Stanford University und des HPI hier wichtige Beiträge leisten wird. Für die Unterstützung bei der Erstellung des Buches bedanken wir uns herzlich bei Ahmet Acar, Hans-Joachim Allgaier, Simon Blake, Oliver Böckmann, Karin-Irene Eiermann, Harald Gögl, Raja Gumienny, Iassen Halatchliyski, Kay Herschelmann, Tilmann Lindberg, Christine Noweski, Oliver Puck, Ralf Wagner und bei den Mitarbeitern des Verlags mi-Wirtschaftsbuch.

Wir hoffen, Ihnen mit dem Buch einen kleinen, dennoch aber lebendigen Einblick in die spannende Welt des Design Thinking zu geben und einen Eindruck von der Freude und dem Engagement unserer D-School-Studenten vermitteln zu können, mit der sie durch Design Thinking unsere Welt ein Stück lebens- und liebenswerter machen.

Hasso Plattner, Christoph Meinel, Ulrich Weinberg
Potsdam und Stanford, im Januar 2009

Entstehungsgeschichte der HPI School of Design Thinking

Vor einer Reihe von Jahren lernte ich David Kelley kennen, und zwar über das Internet. Ich hielt in Orlando auf einer Veranstaltung eine Rede vor SAP-Gästen, -Kunden und -Partnern. Zehn Minuten bevor diese Veranstaltung begann, bekam ich die aktuelle Ausgabe der *BusinessWeek* auf den Tisch. Der Titel war »Design Thinking«, und darin war ein längerer Artikel über eine Firma in Kalifornien: IDEO. Die Gründer der Firma und einige Mitglieder der Firma erzählten, wie sie Design machten, wie sie sich Design in der Zukunft vorstellten und dass das auch eine Engineering-Disziplin sei.

Da ich einen Vortrag darüber halten wollte, wie Systeme in der Software in Zukunft entwickelt werden sollten, zitierte ich aus dieser *BusinessWeek*, weil der Artikel so identisch war mit dem, was ich eigentlich erzählen wollte. Ich hatte vorher nicht meine Arbeit gemacht, nicht richtig recherchiert und über Google gesucht, was es zu diesem Thema bereits gab oder wer so ähnlich denkt wie ich, sondern ich nahm einfach an, dass dies allein meine Meinung sei.

Was ich in doesem Moment nicht ahnte: Die Rede war gleichzeitig auch im Internet zu verfolgen, und die Firma IDEO ließ einen Internet-Crawler laufen. Innerhalb von wenigen Minuten war den Leuten von IDEO klar, dass da jemand im Internet in Orlando eine Rede über das Thema Design hielt und dass er über IDEO redete. Ich hielt auch noch das Magazin in die Kamera.

So lernten wir uns kennen. Die Firma kam zusammen und schaute mir im Internet zu; kurz danach hatten wir einen ersten Kontakt. David Kelley, der Gründer von IDEO, ist ein sehr interessanter Mann. Er ist Elektrotechniker wie ich, und so hatten wir gleich Themen, worüber wir uns austauschen konnten. Wir sprachen im Wesentlichen über Design, aber auch über Autos.

Dass IDEO eine Firma der ganz anderen Art ist, erkennt man sofort, wenn man die Firma betritt. Gleich hinter dem Eingang befindet sich ein großer Kasten, welcher Fühlkasten genannt wird. Da liegt alles Mögliche drin: Schrauben, Holz und andere Materialen, also sehr unterschiedliche Dinge. Die Idee ist, dass man diese Dinge berührt, um zu lernen, das eine ist leitfähig, das andere fühlt sich warm an, das andere bleibt kalt, das eine ist eckig, das andere ist rund. Man macht so in Sekunden sehr unterschiedliche Erfahrungen.

Bei einem Rundgang durch IDEO wundern sich viele, dass Fahrräder in der Luft hängen. Es gibt keine Zimmer, alles ist völlig offen und ganz unordentlich. Die Menschen reden ständig miteinander und wuseln durcheinander. Die Wände sind vollgekleckst mit kleinen Zetteln, auf denen etwas steht.

Anschließend führte David Kelley mich in das Thema Design Thinking ein. Ich startete danach in der SAP ein Projekt, damit die Firma, die auch schon 36 Jahre alt ist, ein bisschen davon mitbekommt, was andere so denken. Ich vereinbarte einen Tausch: Ideen gegen Innovieren auf der Basis von Software. Wir brachten ihnen etwas über Software bei, und sie brachten uns etwas über das Kreieren von Ideen bei.

Nach einer Weile sprach mich Stanford an, ob ich dieses Projekt nicht noch mehr unterstützen könnte. Ich sagte dazu Ja, und so kam es zur Gründung der d.school in Stanford. Durch eine größere Summe, die ich stiftete, konnte die Stanford University diese d.school einrichten, ein neues Haus bauen und in den Betrieb investieren. Ich finanzierte das Vorhaben zusammen mit Stanford, also könnte man im engeren Sinne eigentlich nicht von einem Schwesterinstitut des Hasso-Plattner-Instituts (HPI) in Potsdam sprechen. Aber Stanford hatte nichts dagegen, dass wir es so bezeichneten. Inzwischen sprechen auch die d.school-Leute selbst – das ist tatsächlich eine große Anerkennung – von dem Schwesterinstitut in Potsdam. Und sich selbst haben sie »Hasso-Plattner-Institute of Design at Stanford« genannt.

Hasso Plattner spricht über Design Thinking

Eine echte Partnerschaft lässt sich selbstverständlich nicht nur mit Geld aufbauen. Warum haben wir heute so ein fantastisches Verhältnis zur Stanford University? Weil wir in diesem einen Jahr gezeigt haben, dass wir tatsächlich einen inhaltlichen Beitrag leisten können.

Was ist diese d.school? Es ist in Stanford eine Zusammenarbeit von ehemals acht, inzwischen sind es mehr, Fakultäten innerhalb des Engineering Departments. Diese Professoren haben sich als Ziel gesetzt, dass Design nicht die Aktivität eines einzelnen Departments sein soll. Design ist also nicht Design von Softwareteilen, von mechanischen Konstruktionen, von elektrischen Geräten, von Verträgen oder von Sozialprogrammen, sondern eine Kombination von allem. Die Beteiligten haben sich vor Jahren das Ziel gesetzt, dies praktisch zu üben.

Die d.school-Projekte sind nicht solche von fünf Studenten einer Fakultät, sondern es sind Projekte von Studenten aus verschiedenen Fakultäten – und das macht die Sache überaus spannend. Wenn die jungen Leute von verschiedenen Fakultäten zusammenkommen – sei es nun Medizin, Jura, Computer Science oder Electrical Engineering –, dann müssen sie die spezielle Sprache ihres Fachbereichs, die sie gerade gelernt haben, erst einmal wieder zurücklassen, weil die anderen sie einfach nicht verstehen.

Auf einmal müssen sie alles das, worüber sie sich austauschen wollen, in die Umgangssprache übersetzen, in unsere normale Sprache. Dabei geschehen einige interessante Dinge: Man denkt über sich selbst nach. Was erzählt man und was für einen Wert kommuniziert man eigentlich? Welche Bedeutung hat dies für andere? Man rasselt nicht einfach zwanzig Drei-Worte-Abkürzungen runter, vielleicht noch mit einigen Schlagworten versehen. Die Spezialisten in der Softwarebranche sind besonders stark auf diesem Gebiet. Dann versteht oft niemand mehr etwas, sondern man muss einfach glauben, was gesagt wird.

Die am Projekt Beteiligten müssen miteinander also auch sprachlich auskommen. Und da sie alle aus verschiedenen Spezialgebieten kommen, ist von vornherein Respekt da. Wenn man fünf Leute in ein

Studentenprojekt zusammenpackt und alle kommen aus der Informatik, werden sie sich zwar zusammenraufen, aber es wird ganz schnell einen Leader und einen Co-Leader geben, es wird diejenigen geben, die mitarbeiten, und jemand wird das fünfte Rad am Wagen sein, den man einfach mitnimmt. So sind wir, und das wird, wenn auch auf unterschiedliche Weise, immer so sein. In einer heterogenen Gruppe dagegen bleibt der Respekt vor dem fremden Fachwissen erhalten.

Ich habe mir in Stanford einige Projekte angeschaut, was höchst interessant war. Das Projekt, das mich in dieser Form der Zusammenarbeit am meisten beeindruckt hat, war der Auftrag an acht Studenten, in neun Monaten eine Leselampe zu entwickeln, die in der dritten Welt nachts, abends nach Sonnenuntergang für ein paar Stunden Licht gibt, damit man lernen, Lesen lernen kann.

Die größten Licht- und Elektrotechnikunternehmen in der Welt, in Europa und in Korea, haben gesagt, so ein Gerät könne nicht für weniger als 120 US-Dollar, wahrscheinlich 150 Dollar, hergestellt werden. Die Aufgabe für die Studenten war, es zu bauen – und zwar für weniger als 20 Dollar – und es anschließend im Feldversuch zu testen.

Die Studenten saßen zusammen, machten sich Gedanken, betrieben Design Thinking und liefen dann los. Aber wie sind sie losgelaufen? Der Mediziner beriet den Elektrotechniker, welche Lampen, welche LED-Leuchten gerade noch ausreichen und welche bei minimalem Energieverbrauch für das Auge am besten geeignet sind. Der Elektrotechniker besorgte die richtigen aufladbaren Batterien und erwarb das Solarpanel kostengünstig über das Internet. Der Softwaremann beschrieb die Ladeprozeduren, damit die Energie in der richtigen Form in der Batterie gespeichert wird, was mit einem kleinen 8-Bit-Chip geregelt werden musste. Der Businessmensch fuhr nach New York und verhandelte mit der Weltbank, um das Geld für einen Großversuch zu erhalten. Der mechanische Ingenieur verhandelte per Internet mit Indien, wo die äußere Form der Lampe aus Plastik gegossen werden kann. Und die Soziologin flog nach Mexiko und Südafrika, um den Feldversuch einzurichten.

Das Projekt wurde erfolgreich durchgeführt. Es wurden mehrere tausend Lampen gebaut, die in Indien, Mexiko und Südafrika von diesen Studenten im Feld getestet worden sind. Heute sind diese Lampen käuflich zu erwerben. Man kann dieses Projekt im Internet verfolgen.

Diese acht Studenten haben als Anfänger und in einer heterogenen Gruppe die größten Elektrotechnikhäuser dieser Welt schlicht outperformt. Das hat mich überzeugt. Es steckt so viel Kraft, Begeisterung und Potenzial in diesen Projekten, dass wir den Funken auch nach Deutschland überspringen lassen mussten.

In den vergangenen Jahren haben wir für eine gute Entwicklung des HPI in Potsdam gesorgt. Das Institut hat zum Beispiel einen signifikanten Stab von Doktoranden aufgebaut, die gute wissenschaftliche Arbeit leisten, die auch von außen anerkannt wird. Das heißt, wir sind nicht nur ein guter Lehrbetrieb, sondern auch ein guter Forschungsbetrieb geworden. Das hat es uns ermöglicht, überall als Partner auf Augenhöhe anerkannt zu werden.

Nachdem wir das erreicht hatten, entschlossen wir uns im Frühjahr 2007, mit dem Projekt der HPI School of Design Thinking – kurz D-School genannt – anzufangen. Es ist übrigens nicht ganz so, dass immer nur ich der Treibende bin. In diesem Fall war es Christoph Meinel, der darauf drängte, dass wir im gleichen Jahr beginnen sollten. Es sei eine gute Zeit, sagte er.

Die Frage war nur, mit welchen weiteren Partnern. Mit der Beantwortung haben wir es uns nicht leicht gemacht. Als ich Ulrich Weinberg von der Filmhochschule in Potsdam kennenlernte, ihm von meinen Design-Thinking-Plänen berichtete und sagte, dass ich demnächst nach Amerika fliege und zusammen mit Terry Winograd für mehrere Wochen einen Design-Thinking-Kurs halten wolle, war seine spontane Reaktion: »Dann sage ich eine geplante China-Reise ab und komme mit.« Wir sind dann zusammen gefahren.

Ulrich Weinberg hat den Kurs über lange Strecken begleitet, und wir haben in dieser Zeit in Monterey auch eine Design-Konferenz besucht. Dort waren die dreißig Koryphäen des amerikanischen Industriedesigns, also nicht nur Oberflächendesign, sondern auch technisches Design, vertreten – und ich war völlig erschlagen, denn Ulrich Weinberg kannte die Hälfte von ihnen. Das ist ja eine interessante Verbindung, dachte ich, von der Filmhochschule zum Design, das könnte gut funktionieren.

Nach kurzer Zeit beschlossen wir, im Oktober 2007 loszulegen. Christoph Meinel und Ulrich Weinberg haben die Sache dann noch einmal beschleunigt und entschieden, mit einer eigenen Form von Kursen zu beginnen, die wir nicht eins zu eins von Stanford kopieren wollten, da wir in Potsdam eine andere Ausgangssituation haben. Wir wollten das Projekt auf eine breitere Basis stellen und luden deshalb alle Universitäten und Hochschulen in Berlin und Brandenburg ein, aktiv daran mitzuwirken.

Wir planten vierzig Studenten ein, sechs Professoren und sechs Assistenten, also ein Verhältnis akademisches Betreuungsteam zu Studenten von zwölf zu vierzig. Trotz der kurzen Bewerbungsfristen bewarben sich tatsächlich sechs Professoren, die notwendigen Assistenten und natürlich die Studenten.

Christoph Meinel, Leiter des Hasso-Plattner-Instituts

Terry Winograd lehrt Design Thinking an der Stanford University

Ulrich Weinberg, Leiter der School of Design Thinking

Kann man Innovation lernen? »Ja!«, sagen Christoph Meinel, Hasso Plattner, Terry Winograd und Ulrich Weinberg

Wir schenkten den Studenten reinen Wein ein und erklärten ihnen beispielsweise, dass es zwei Mal die Woche acht Stunden Unterricht geben werde, also 16 Stunden plus Fahrzeit. Und alles, was sie am Ende bekämen, kein Titel wäre, sondern nur ein Zertifikat, dass sie bei der gerade erst gegründeten HPI School of Design Thinking an einem Kurs teilgenommen hätten.

Es gibt auch in Stanford keinen Titel. Es verhält sich in Amerika ähnlich wie hier. Etwas so Neues einzuführen, zusätzlich zu den etablierten Studiengängen und offiziellen Studienabschlüssen, ist ein langfristig angelegtes Projekt. In dieser Zeit können wir aber bereits Hunderte oder vielleicht Tausende Studenten in Design Thinking ausbilden, nur eben ohne akademischen Titel. Ich wäre schon froh, wenn wir es in einem ersten Schritt schafften, dass sie dies in irgendeiner Form in ihrem Hauptstudium angerechnet bekämen.

Es wird nicht einfach sein, jemandem, der Medizin studiert und abschließt, Punkte dafür zu geben, dass er an einem Design-Workshop am HPI teilgenommen hat. Aber ich bin hoffnungsfroh, dass es klappt. Wenn es in Stanford funktionieren wird – und das Institut dort ist uns vier Jahre voraus –, dann könnte es bei uns vielleicht auch möglich sein.

Wir fingen also an, und die Studenten kamen: vierzig Studenten von dreißig verschiedenen Fakultäten. Es hätte im totalen Chaos enden können. Sie sind trainiert worden, IDEO hat geholfen, ihnen die ersten Grundlagen beizubringen, die ersten »Vokabeln« einzuüben.

Design Thinking beruht – vereinfacht gesagt – letztlich auf dem Einsatz des gesunden Menschenverstands. Man muss bereit sein, das zu akzeptieren. Man muss akzeptieren, dass Arbeiten Freude bereiten soll. Wir wollen Spaß haben beim Design Thinking, wir wollen uns gegenseitig respektieren. Wir wollen voneinander etwas lernen. Wir sind alle schlau genug. Das müssen wir uns nicht ständig sagen. Aber wir schauen, ob wir zusammen etwas Neues, etwas Innovatives hinbekommen.

Innovatives Ambiente für gute Ideen in Potsdam

Schon nach ganz kurzer Zeit machte es den Leuten so viel Spaß, dass wir fast schon Probleme mit der Stromrechnung bekommen hätten, weil das Licht in der HPI School of Design Thinking nicht mehr ausging. Ich bin ein paar Mal abends dort gewesen, da war Licht in den Arbeitsräumen! Was machen die denn da? Die arbeiten einfach nachts. Es macht so viel Freude, auf den roten Sofas zu sitzen und darüber nachzudenken, wie man ein bestimmtes Problem lösen kann. Und es waren ganz verschiedene Probleme zu lösen.

Wir wollen mit der HPI School of Design Thinking nicht Grafik-Designern, Internet-Designern oder Fashion-Designern Konkurrenz machen, wir wollen aber zum Beispiel die Design-Thinking-Methode im Bereich von Engineering einführen. Wir wollen, wenn wir Produkte entwickeln, sie von vornherein näher an den Benutzer bringen. Wir wollen Technology-Business und Human Values miteinander verknüpfen.

Das hört sich so einfach an. Aber alles, was wir tun, müssen wir in einem Zyklus immer wieder prüfen. Sind wir noch auf dem richtigen Weg? Reden wir tatsächlich noch mit den Endnutzern? Wenn wir etwas erfunden haben, haben wir das eigentlich mit denen erprobt? Wir wollen eine permanente Rückkoppelung etablieren. Wenn wir Innovationen machen, wissen wir oft nicht ganz genau, worauf es hinauslaufen wird. Wir müssen deshalb ganz viele Rückkoppelungen schaffen: Understand, Observe, Point of View, Ideate, Prototype, Test. Dieses sind die Schritte in diesem Design-Thinking-Prozess.

Das lernen die Studenten in wenigen Wochen und wenden dann die Methode ein paar Mal in verschiedenen Projekten an. Die Erfolge sind bahnbrechend. Es ist erstaunlich, was junge Menschen entwickeln können – und es ist umso erstaunlicher, wenn wir sie mit den Erfahrenen aus der Industrie zusammenbringen und gemeinsam mit den Professoren und den Assistenten werken lassen. Ich weiß, dass auch die Professoren eine große Freude daran haben.

Dieses ist eine der Trademarks von Stanford: Akademiker müssen tiefbohren können – das ist unsere akademische Aufgabe – und dann müssen wir querdenken. Querdenken ist Design Thinking.

Ich hielt in Potsdam einen Vortrag, und einer der Zuhörer sagte mir dann am Ende, alles was ich erzählt habe, höre sich so an wie das, was seine Tochter im Kindergarten tue. Ich war mir nicht ganz sicher: War es ein Kompliment, eine Provokation, oder wie war das gemeint? Ich antworte: »Ja, das ist auch richtig!« Wir müssen uns selbst zurückbegeben in diese Phase unseres Lebens, als wir noch so offen waren, dass wir alles, was wir fanden, anschauten und interessiert waren, frei darüber nachzudenken und nicht als Abteilungsleiter, als Leiter der Forschung, als Projektmensch oder als Kritiker der gesamten Welt auftraten. Nur so können wir in einem Team einen Beitrag zur Verbesserung leisten.

Schon von vielen verschiedenen Fakultäten sind Leute auf mich zugekommen, die mir sagten, Design Thinking sei besser als alles, was sie bisher in ihrem Studium gemacht hätten. Diese Begeisterung der Leute ist die potenzielle Innovationskraft, die in uns schlummert.

Ich weiß noch nicht, ob das Design Thinking mit und in den deutschen Unternehmen so klappt wie in Amerika. In gesonderten Abteilungen, die man ein bisschen aus den Unternehmensabläufen raushält, wo man die Vordenker unterbringt und sagt: »Jetzt überlegt mal, wie es in den nächsten zehn Jahren sein wird!«, da geht es vielleicht. Aber auch da bin ich mir nicht so sicher.

Wir müssen die Unternehmen also ganz schön umkrempeln. Dennoch haben wir in dieser kurzen Zeit signifikante Erfolge erzielt, die wir vorzeigen können. Die Vertreter aus der Wirtschaft, die bei den Projekten mitgemacht haben, sind so begeistert von der Sache, dass ich glaube, dass sie uns helfen, das Thema Design Thinking in die Unternehmen weiterzutragen.

Christoph Meinel und Ulrich Weinberg waren auf die Idee gekommen, gleich 2008 mit der HPI School of Design Thinking auf die Messe CeBIT zu gehen. Wir hatten noch gar nicht richtig angefangen, und da gingen die schon auf die Messe und verkauften das Konzept. Wie haben sie das angestellt? Sie machten Design Thinking live, veranstalteten jeden Tag auf der CeBIT einen zweistündigen Design-Thinking-Workshop und legten an jedem Abend ein Ergebnis vor. Ein Vertreter einer namhaften deutschen Firma kam sogar drei Tage hintereinander, um die Sache zu beobachten. Danach bewarben sich Unternehmen von Rang und Namen bei uns, um beim nächsten Design-Thinking-Projekt mitzumachen.

Design Thinking live auf der CeBIT

Mein liebstes Beispiel hat Mark Twain beschrieben: Tom Sawyer muss den Zaun streichen. Es ist ja eine fürchterliche Sache, einen langen Lattenzaun weiß zu streichen. Aber Tom Sawyer machte dabei ein so glückliches Gesicht, dass alle seine Freunde vorbeikamen und sagten: »Was machst du da?« – »Ich streiche den Zaun, und das ist schön.« Da wollten dann auch all die anderen eine Latte streichen. Und Tom Sawyer konnte auf seinem Stuhl sitzen und zuschauen, während alle anderen anstanden, um auch eine Latte streichen zu dürfen.

Also, bei uns kann man im übertragenen Sinne Latten streichen, man kann mitmachen an Design-Thinking-Projekten. Anders als Tom Sawyer wollen wir uns aber nicht auf einen Stuhl setzen und zusehen, sondern gemeinsam mit unseren Partnern an der Idee von morgen arbeiten. Wir sind angewiesen auf die Wirtschaft, wir sind angewiesen auf die Wissensträger, die mitarbeiten, die uns Themen geben, die uns die Aufgaben und das Umfeld definieren. Und dass dies von einer Begeisterungswelle getragen wird, das ist eigentlich das Schöne an der Sache, das ist der Erfolg.

Hasso Plattner
Potsdam, im Januar 2009

Hasso Plattner

1

Die Welt braucht mehr Innovationen

1.1 Innovationen dringend gesucht

»Deutschland – Land der Ideen« ist wohl die zurzeit vielseitigste Initiative, die Lust auf Innovationen machen und die Zukunftsfähigkeit sowie die Leistungs- und Innovationskraft Deutschlands darstellen soll. Aber natürlich ist sie bei Weitem nicht die einzige Innovationsoffensive hierzulande. Politik und Wirtschaft haben auf Bundes- wie auf Landesebene entdeckt, dass in Deutschland zwar ein riesiges Zukunftspotenzial vorhanden ist, dieses aber nicht so ausgeschöpft wird wie in anderen Ländern.

Daran mitzuwirken, dies zu ändern, ist auch eine der gesellschaftlichen Aufgaben der HPI School of Design Thinking, kurz D-School genannt. Dabei werden allerdings andere gedankliche Ansätze gewählt als bei den auf die Breite der Bevölkerung zielenden Maßnahmen der großen Träger.

Initiative »Deutschland – Land der Ideen«

Die Initiative »Deutschland – Land der Ideen« wird zum Beispiel von der Bundesregierung und der deutschen Wirtschaft, vertreten durch den Bundesverband der Deutschen Industrie (BDI) und führenden Unternehmen, getragen. Schirmherr der Initiative ist Bundespräsident Horst Köhler, auf den auch die Formulierung »Land der Ideen« zurückgeht.

Damit machte der Bundespräsident deutlich, dass der Innovationsbegriff nicht nur erweitert, sondern insgesamt neu definiert werden muss. Wie das geschehen kann und in welche Richtung die Entwicklung gehen sollte, lesen Sie in den folgenden Kapiteln.

»Deutschland – ein Land der Ideen, das ist nach meiner Vorstellung Neugier und Experimentieren. Das ist in allen Lebensbereichen Mut, Kreativität und Lust auf Neues, ohne Altes auszugrenzen.« (BUNDESPRÄSIDENT DR. HORST KÖHLER)

Von der Invention zur Innovation

Innovation heißt wörtlich »Neuerung« oder »Erneuerung« und ist somit universell einsetzbar. Dass der Begriff Innovation hauptsächlich für technische und organisatorische Neuerungen verwendet wird, ist auf den Volkswirt Joseph Schumpeter zurückzuführen. Er hat in seinem 1939 in den USA erschienenem Buch *Business Cycles* das Wort Innovation in die Wirtschaftstheorie eingeführt und damit nicht nur die Erfindung einer technischen oder organisatorischen Neuerung bezeichnet, sondern auch ihre Umsetzung und Durchsetzung im Markt. Eine Idee zu haben und sie funktionsfähig zu machen, bezeichnet Schumpeter als Invention, also Erfindung. Ob diese dann auch tatsächlich zu einer Innovation wird, zeigt sich erst, wenn sie tatsächlich verkauft und genutzt wird.

Die unterschiedlichen Innovationsformen

Heute unterscheidet man in der Wirtschaft hauptsächlich zwischen Produktinnovationen, das sind neue oder merklich verbesserte Produkte beziehungsweise Dienstleistungen, und Prozessinnovationen, also neuen

oder merklich verbesserten Fertigungs- und Verfahrenstechniken beziehungsweise Verfahren zur Erbringung von Dienstleistungen, die in Unternehmen eingeführt wurden.

Bundespräsident Horst Köhler über »Deutschland – Land der Ideen«

Dass diese Definitionen für einen gesamtgesellschaftlichen Ansatz nicht ausreichen, machte die Initiative »Deutschland – Land der Ideen« mit ihrem Wettbewerb »365 Orte im Land der Ideen« deutlich. Der Begriff Ort war dabei nicht im geografischen oder politischen Sinne gemeint. Ein »Ort« im Land der Ideen findet sich überall dort, wo zukunftsorientierte Ideen entwickelt, gefördert und aktiv umgesetzt werden. An diesem Wettbewerb beteiligte sich auch die HPI School of Design Thinking in Potsdam und gehörte zu unserer großen Freude mit zu den Gewinnern im Bereich Wissenschaft und Technik.

Hasso-Plattner-Institut in Potsdam: ein Ort im Land der Ideen

Von den 1.461 eingegangenen Bewerbungen verteilten sich die 366 Gewinner auf folgende Bereiche: Bildung und Jugend 61, Kunst und Kultur 41, Soziales und Religion 34, Gesellschaft und Sport 37, Umwelt und Energie 39, Wirtschaft 75, Wissenschaft und Technik 79. Wir sehen also, dass hier ein ganz anderes Verständnis von Innovationen zugrunde lag, als sich in den offiziellen Statistiken niederschlägt. Solche Statistiken haben nun einmal die Aufgabe, bestimmte Entwicklungen nicht nur aufzuzeigen, sondern auch zähl- und messbar zu machen.

In der Innovationserhebung des Zentrums für Europäische Wirtschaftsforschung GmbH (ZEW) für das Jahr 2007 wurde das verarbeitende Gewerbe inklusive Bergbau ebenso erfasst wie wissensintensive Dienstleistungen. Dazu gehören das Kredit- und Versicherungsgewerbe, Datenverarbeitung und Fernmeldedienste, technische Dienste und Unternehmensberatungen und Werbung sowie sonstige Dienstleistungen, die vom Großhandel über Reinigung und Bewachung bis hin zum Entsorgungsgewerbe reichen.

Der Umsatzanteil, der mit neuen Produkten erzielt wurde, stieg 2007 im Mittel aller Sektoren leicht von 18 auf 19 Prozent an, wobei vor allem die Dienstleistungsbranchen höhere Innovationserfolge verbuchen konnten.

Als Produktinnovationen gelten statistisch sowohl Marktneuheiten, das sind neue oder merklich verbesserte Produkte, die ein Unternehmen als erster Anbieter auf dem Markt einführt, aber auch Produktimitationen. Das sind Produkte, die von einem bestimmten Unternehmen zwar erstmals angeboten werden, die bei Wettbewerbern aber schon im Angebot sind.

Mit Sortimentsneuheiten bezeichnet man dann noch solche Produkte, die keine Vorgängerprodukte im Unternehmen haben oder die neu oder merklich verbessert sind. Durch Sortimentsneuheiten breiten Unternehmen ihre Angebotspalette aus und bedienen Kundenbedürfnisse, die bislang durch die Produkte des Unternehmens nicht abgedeckt wurden.

Bei den sogenannten Prozessinnovationen geht es entweder um Kostensenkung, ihnen liegen also Rationalisierungsmotive zugrunde, oder um Qualitätsverbesserung, durch die die Absatzchancen verbessert werden. Seit 2005 zählen in der Statistik auch Neuerungen im Marketing und in der Organisation zu den Innovationen.

Radikale Um- und Neurichtungen von Unternehmen, wie zum Beispiel die Umwandlung des Mischkonzerns Preussag mit Schwerpunkt Montanindustrie in das Touristikunternehmen TUI, werden in diesen Statistiken nicht erfasst.

Die verschiedenen Innovationsindikatoren

Generell arbeiten die Statistiker mit verschiedenen Innovationsindikatoren, das sind die Innovatorenquote je Branche, die Innovationsintensität je Branche und der Umsatzanteil mit Produktneuheiten je Branche. Je nach Betrachtungsweise ergeben sich recht unterschiedliche Bilder.

So lag nach den neuesten derzeit vorliegenden Zahlen im Jahr 2006 die Innovatorenquote im Transportgewerbe/Post und Großhandel mit 23 Prozent am niedrigsten und in der Elektroindustrie mit 81 Prozent am höchsten. Die Innovationsintensität war im Großhandel mit 0,4 Prozent am niedrigsten und bei den technischen Dienstleistern mit 9,5 Prozent am höchsten. Bei den Umsatzanteilen mit Produktneuheiten reichte die Spannbreite von 0,5 Prozent im Bergbau bis 57 Prozent im Fahrzeugbau. Diese Zahlen sollen hier jedoch nicht bewerten, sondern nur ein ungefähres Gefühl dafür geben, wo und welche Prozesse in der deutschen Wirtschaft stattfinden.

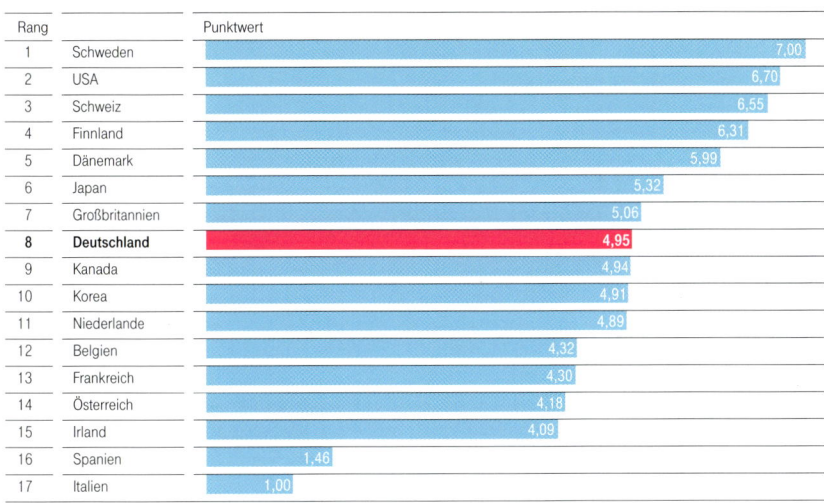

Rang		Punktwert
1	Schweden	7,00
2	USA	6,70
3	Schweiz	6,55
4	Finnland	6,31
5	Dänemark	5,99
6	Japan	5,32
7	Großbritannien	5,06
8	**Deutschland**	**4,95**
9	Kanada	4,94
10	Korea	4,91
11	Niederlande	4,89
12	Belgien	4,32
13	Frankreich	4,30
14	Österreich	4,18
15	Irland	4,09
16	Spanien	1,46
17	Italien	1,00

Innovationsfähigkeit der führenden Industrieländer (Quelle: DIW Berlin, 2008)

Eine wichtige Quelle, um sich über die Innovationskraft Deutschlands im internationalen Vergleich zu informieren, ist der Innovationsindikator Deutschland, der jährlich im Auftrag des Bundesverbandes der Deutschen Industrie und der Deutschen Telekom Stiftung vom Deutschen Institut für Wirtschaftsforschung (DIW) erstellt wird.

Im Innovationsindikator Deutschland werden rund 180 Datensätze untersucht und qualitativ ausgewertet. Diese Ergebnisse werden dann verdichtet und zu sieben Teilindikatoren des »Innovationssystems« sowie zu drei »Akteuren« zusammengeführt. Am Ende des Verfahrens steht ein Punktwert, der den Rang Deutschlands in der Innovationsfähigkeit im Vergleich zu den 16 anderen in die Untersuchung einbezogenen Ländern aufzeigt. Im Jahr 2008 stand Deutschland mit einem Punktwert von 4,95 auf Rang 8.

Die Akteure und die Bestimmungsfaktoren des Innovationssystems

Die Innovationsfähigkeit eines Landes wird, so das DIW, maßgeblich durch die Unternehmen, den Staat und die Gesellschaft geprägt. Das Innovationssystem eines Landes beruht wiederum auf folgenden sieben Rahmenbedingungen: Bildung, Forschung und Entwicklung, Regulierung und Wettbewerb, Finanzierung, Nachfrage, Vernetzung und Umsetzung in der Produktion.

Sowohl die Akteure als auch die Bestimmungsfaktoren des Innovationssystems nehmen in den verschiedenen Ländern einen unterschiedlichen Rang ein. Welchen Rang sie belegen und aus welchem Grund, sind die im Zusammenhang mit diesem Buch interessanten und wichtigen Fragen.

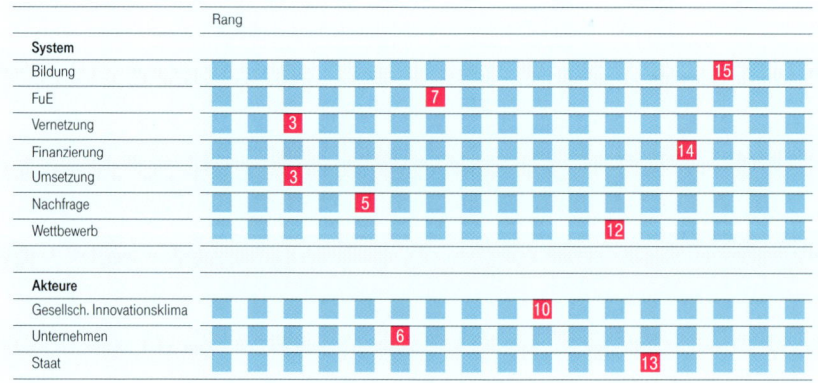

Deutschlands Innovationsprofil (Quelle: DIW Berlin, 2008)

So stehen unter den Akteuren in Deutschland die Unternehmen auf Platz 6, der Staat auf Platz 13 und die Gesellschaft auf Platz 10. Bei den

Rahmenbedingungen hat die Vernetzung, also die intensive Kommunikation und Zusammenarbeit zwischen Unternehmen, Universitäten und Forschungseinrichtungen, im internationalen Vergleich einen hervorragenden Platz 3 erhalten. Auch bei der Umsetzung von Innovationen durch neue Produkte, Dienstleistungen oder Verfahren am Markt konnte sich Deutschland mit Rang 3 eine gute Platzierung sichern.

Bei den Forschungs- und Entwicklungsaktivitäten steht die Bundesrepublik immerhin noch auf Platz 7 und bei der Nachfrage nach innovativen Produkten und Dienstleistungen durch Bürger, Staat und Unternehmen auf Platz 5. Weniger gut platziert ist Deutschland bei den Finanzierungsmöglichkeiten, die eine wichtige Voraussetzung sind, um Innovationen zur Marktreife bringen zu können; hier wird nur Platz 14 erreicht.

Auch die Wettbewerbsbedingungen in Deutschland, die von Regulierungen wie zum Beispiel dem Schutz geistigen Eigentums oder den Zulassungsvorschriften für neue Produkte maßgeblich beeinflusst werden, lassen das Land nur Platz 12 erreichen. Schlecht bestellt ist es offensichtlich um die Bildung, die im internationalen Vergleich nur auf Rang 15 liegt. Dabei ist sie nach Ansicht des DIW von entscheidender Bedeutung für die Innovationsfähigkeit des Landes. Wie sind diese Ergebnisse nun im Einzelnen zu bewerten?

Ganz eindeutig sind die deutschen Unternehmen im internationalen Wettbewerb gut aufgestellt. Mit 5,8 Punkten liegt Deutschland zwar nur auf Rang 6, aber der Unterschied zur Schweiz auf Rang 1 mit einem Punktwert von 7,0 beträgt weniger als 1,2 Punkte. Die Spitzengruppe vor Deutschland wird durch die Schweiz, Japan, Schweden, die USA und Finnland belegt. Das war auch in den Vorjahren ähnlich, und an der Zusammensetzung der Spitzengruppe wird sich wahrscheinlich auch in den kommenden Jahren nichts ändern.

Allerdings ist es der Schweiz innerhalb eines Jahres gelungen, sich von Rang 4 an die Tabellenspitze vorzuarbeiten, während die Unternehmen der USA seit 2006 von Rang 1 auf Rang 5 zurückgefallen sind. Die Ursachen hierfür hängen sicher mit der globalen Wirtschaftskrise zusammen, aber auch mit der grundsätzlichen Ausrichtung der Unternehmen in der Schweiz und in den USA.

Was die Innovationsfähigkeit der Unternehmen ausmacht

Für die Innovationsfähigkeit der Unternehmen sind folgende Teilbereiche besonders wichtig:

- Die Fähigkeit, Innovationen auf den Weltmärkten durchzusetzen.
- Ein gut funktionierendes Netzwerk sowohl zwischen den Unternehmen untereinander als auch mit Hochschulen und Forschungseinrichtungen.
- Forschung und Entwicklung innerhalb der Unternehmen.
- Eine betriebliche Innovationskultur, die vom Führungsstil innerhalb der Unternehmen ebenso getragen wird wie vom Weiterbildungsengagement.

Bei der Bewertung der Effizienz und Leistungsfähigkeit der Unternehmen haben die Forscher des DIW unter anderem auch eine weltweite Managerbefragung des World Economic Forum einbezogen. Auch dort gilt Deutschland als »Exportweltmeister«, besonders wenn man das Feld der Hochtechnologie betrachtet. Hier belegen besonders der Maschinenbau, die Automobilindustrie und die Chemie Spitzenplätze.

Auch im Feld der wissensintensiven Dienstleistungen, wie zum Beispiel Servicetätigkeiten im Finanz- und Gesundheitssektor, der Datenverarbeitung oder der Telekommunikation, befindet sich Deutschland in der Spitzengruppe. Angeführt wird das Ranking dieser Dienstleistungen von den USA, Großbritannien und den Niederlanden.

Deutschland zeigt im Bereich der Spitzentechnologien kein homogenes Bild. In investitionsintensiven Branchen, wie zum Beispiel der pharmazeutischen Industrie und der Medientechnik, ist Deutschland nicht so stark aufgestellt wie in der Medizin-, Mess- und Regeltechnik sowie Optik. Allerdings verweisen die DIW-Ökonomen darauf, dass die Grenzen zwischen Spitzen- und Hochtechnologie oft nur schwer zu ziehen sind und dass Innovationen in der Spitzentechnik sich oft nicht als marktfähig erweisen und deshalb nicht weiter verfolgt werden.

Die Bedeutung der Vernetzung wird unterschätzt

Ein wichtiger Punkt bei der Entwicklung und Durchsetzung anspruchsvoller Produkte ist eine gute Vernetzung. Denn es zeigt sich immer mehr, dass dafür in immer stärkerem Maße unterschiedliche Fähigkeiten benötigt werden, die oft nicht mehr in einem einzelnen Unternehmen zu finden sind. Daher sind die Praxisnähe von Hochschulen und Forschungseinrichtungen und die enge Verbindung zu Unternehmen von besonderer Bedeutung.

Worauf es bei der Vernetzung ankommt, sind die räumliche Nähe der Partner und die persönlichen Kontakte. Nur so lassen sich entsprechende »Cluster« bilden, die dann als regionale Netzwerke wie wirtschaftliche Kraftzentren funktionieren und neue Potenziale wecken. Diese Cluster-Bildung funktioniert nur in Japan besser als in Deutschland, wobei es nicht nur auf die Kooperation und den Wissenstransfer zwischen Forschungseinrichtung und Firmen ankommt, sondern auch zwischen den Unternehmen, den Zulieferern und den Kunden.

> *»Die Definition von Wahnsinn ist, immer wieder das Gleiche zu tun und andere Ergebnisse zu erwarten.«* (ALBERT EINSTEIN)

Gerade dieser Aspekt wird vielerorts unterschätzt. Zu oft steht der Kunde erst am Ende der Entwicklungs- und Produktionskette und muss sehen, wie er mit den Ergebnissen klarkommt. Ein besonders hohes »Cluster-Potenzial« haben in Deutschland auf nationaler Ebene die chemische Industrie und die Automobilbranche, aber auch die Informations- und Kommunikationstechnik.

Ebenfalls wichtig für die Vernetzung ist die Infrastruktur. Bei der Qualität des Schienen- und Luftverkehrs sowie der Stromversorgung liegt Deutschland weltweit an der Spitze. Sorgen macht den Forschern lediglich die Tatsache, dass die technische Ausstattung mit Informations- und Kommunikationstechnologien zwar vorhanden ist, es aber an der ausreichenden Fähigkeit und Bereitschaft mangelt, diese zu nutzen.

Forschung und Entwicklung ist in Deutschland mangelhaft

Forschung und Entwicklung ist heute immer noch ein wesentlicher Vorteil des Standorts Deutschland. Zurzeit tragen die Unternehmen zwei Drittel der Forschungs- und Entwicklungsinvestitionen des Landes und der Staat nur ein Drittel. Doch dies wird in Zukunft nicht mehr ausreichen. Denn im Vergleich zu Schweden, das in diesem Bereich den Spitzenplatz innehat und wo 3,9 Prozent des Bruttoinlandsprodukts in Forschung und Entwicklung investiert werden, nimmt sich Deutschland mit seinen 2,5 Prozent sehr viel bescheidener aus.

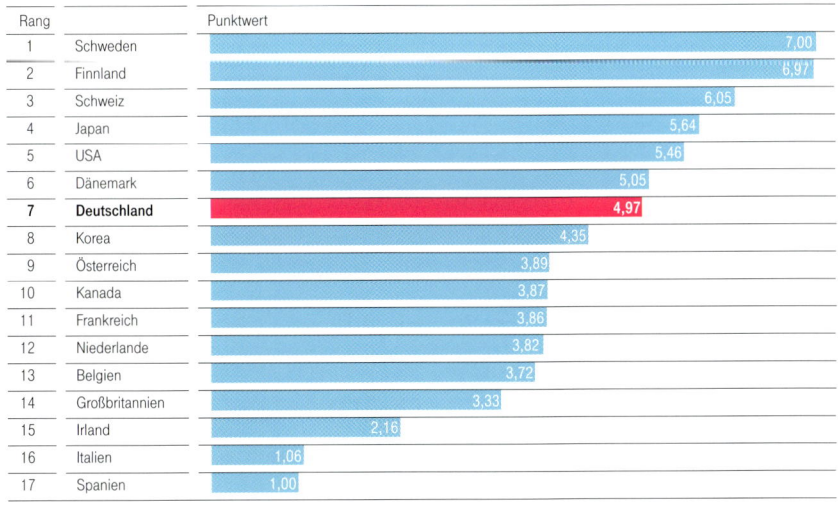

Rang		Punktwert
1	Schweden	7,00
2	Finnland	6,97
3	Schweiz	6,05
4	Japan	5,64
5	USA	5,46
6	Dänemark	5,05
7	**Deutschland**	4,97
8	Korea	4,35
9	Österreich	3,89
10	Kanada	3,87
11	Frankreich	3,86
12	Niederlande	3,82
13	Belgien	3,72
14	Großbritannien	3,33
15	Irland	2,16
16	Italien	1,06
17	Spanien	1,00

Leistungsfähigkeit bei Forschung und Entwicklung (Quelle: DIW Berlin, 2008)

Ein gutes Beispiel für das Engagement der Bundesregierung für die Forschung ist der nationale IT-Gipfel, der im Jahr 2008 in Darmstadt bereits zum dritten Mal stattfand. Gestartet wurde diese Initiative im Dezember 2006 im Potsdamer Hasso-Plattner-Institut. Hier wurde ein gemeinsames Signal von Politik, Wirtschaft und Wissenschaft gesetzt, um den Standort Deutschland für Informations- und Kommunikationstechnologien international in Führung zu bringen.

> *»Echte Innovation kann nur entstehen, wenn hervorragend ausgebildete Menschen sich zusammenschließen und Themen des Lebens, der Gesellschaft und Wirtschaft aus verschiedenen Blickwinkeln betrachten.«* (Prof. Dr. Christoph Meinel)

Während in Finnland sechzehn Mitarbeiter pro tausend Beschäftigte im Forschungs- und Entwicklungsbereich tätig sind und in Schweden immerhin noch zwölf, sind es in Deutschland nur sieben. Das ist im weltweiten Maßstab zu wenig.

Die firmeninterne Innovationskultur muss verbessert werden

Auch die firmeninterne Innovationskultur ist keine Stärke deutscher Unternehmen, und deshalb muss sie verbessert werden, wenn man bestehende Standards halten möchte. Zwei Faktoren sind dabei ausschlaggebend: Einerseits der Führungsstil und andererseits die Weiterbildung und lebenslanges Lernen.

Es wird in Zukunft darauf ankommen, in den Unternehmen eine Atmosphäre zu schaffen, die nicht nur von Leistungsorientierung, sondern auch von Teamgeist und Vertrauen geprägt ist. Zu häufig hat die Konfrontation unterschiedlicher Interessen Vorrang vor der Kooperation. Wirtschaftliche und ethische Prinzipien gehen nicht Hand in Hand, sondern werden behandelt wie zwei Paar unterschiedliche Schuhe.

Um den Gefahren des Fachkräftemangels, der alternden Belegschaften und der Defizite des Bildungssystems begegnen zu können, wird die Weiterbildung in Zukunft deutlich an Bedeutung gewinnen. Schon heute fehlen laut einer Untersuchung des Branchenverbandes Bitkom in Deutschland etwa fünfundvierzigtausend IT-Experten. Der Trend zeigt, zwischen 1999 und 2005 ist die Zahl der Firmen, die ihren Mitarbeitern Weiterbildungsangebote machten, um fünf Prozentpunkte zurückgegangen, auch wenn die Zahl der dafür eingesetzten Stunden stieg. Im Bereich der Weiterbildung liegt Deutschland im weltweiten Maßstab nur auf Platz 13 und mit 3,3 Punkten deutlich abgeschlagen hinter Schweden auf Rang 1 mit 7,0 Punkten.

Die Rolle des Staats

Neben den Unternehmen ist der Staat der zweite wichtige Akteur, wenn es um Innovationen geht. Wie schon anfangs erwähnt, ist dieses Thema auf der politischen Agenda in den vergangenen Jahren beständig nach oben gerückt. Trotzdem ist die deutsche Innovationspolitik noch verbesserungswürdig. Insgesamt gibt es vier Felder, auf denen die Innovationspolitik stattfindet. Das eine ist die Forschungspolitik, dann folgen Regulierungen, die sowohl innovationsfreundlicher als auch innovationsfeindlicher Natur sind, die staatliche Nachfrage nach innovativen Produkten und Dienstleistungen, und natürlich gehört nicht zuletzt die Bildungspolitik dazu.

Bis 2010 sollen die Forschungs- und Entwicklungsinvestitionen von Staat und Wirtschaft bis auf 3 Prozent des Bruttoinlandsprodukts steigen. Das bedeutet allerdings auch, dass die steuerliche Forschungs- und Entwicklungsförderung diesem Ziel entsprechend angepasst werden muss. Noch liegt Deutschland hier im internationalen Vergleich erst auf Rang 14.

Über das Thema Kooperationen haben wir bereits im Zusammenhang mit den Unternehmen gesprochen. Dabei muss noch einmal betont werden, dass die Grundlagenforschung eher zu den staatlichen Aufgaben zählt, da die Entwicklung marktfähiger Produkte hier nicht im Vordergrund steht und somit nur in begrenztem Maße für Unternehmen interessant ist.

Bisher leidet Deutschland noch immer an einem Übermaß an Vorschriften und Regulierungen, die die wirtschaftliche Entwicklung beeinträchtigen. Das beginnt bei der Einstellung von ausländischen Arbeitnehmern, geht über oft umständliche Genehmigungsverfahren bei Unternehmensgründungen bis hin zu aufwendigen Prüfverfahren im Zusammenhang mit der Einführung neuer Produkte und entsprechend komplexen Haftungsregelungen.

Zwar zeigte sich der Staat in der Vergangenheit zum Beispiel bei der Einführung erneuerbarer Energien als innovationsfreundlich, denn ohne staatliche Markteingriffe wäre der Einsatz bestimmter Technologien sicherlich unter deutlich schlechteren Bedingungen erfolgt. Dennoch erreicht Deutschland bei dem Aspekt innovationsfördernder Regulierungen insgesamt nur Platz 14, während Dänemark, Schweden und Großbritannien auf den vordersten Plätzen stehen. Bei der Regulierung der unternehmensnahen Dienstleistungen liegt Deutschland sogar nur auf dem vorletzten Platz.

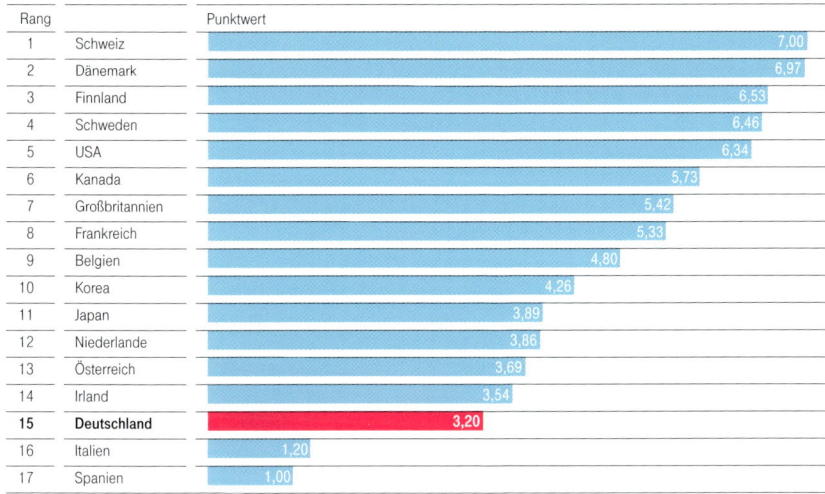

Rang		Punktwert
1	Schweiz	7,00
2	Dänemark	6,97
3	Finnland	6,53
4	Schweden	6,46
5	USA	6,34
6	Kanada	5,73
7	Großbritannien	5,42
8	Frankreich	5,33
9	Belgien	4,80
10	Korea	4,26
11	Japan	3,89
12	Niederlande	3,86
13	Österreich	3,69
14	Irland	3,54
15	Deutschland	3,20
16	Italien	1,20
17	Spanien	1,00

Leistungsfähigkeit der Bildungssysteme (Quelle: DIW Berlin, 2008)

Die Bedeutung der staatlichen Nachfrage nach innovativen Produkten und Dienstleistungen darf nicht unterschätzt werden, auch wenn Verwaltung und Bürokratie eher als konservativ gelten. Eine große Rolle spielen Luft- und Raumfahrt, die Informations- und Kommunikationstechnologie und natürlich der Militärsektor. Insgesamt schneidet der deutsche Staat hier im internationalen Vergleich sehr gut ab: Er liegt gemeinsam mit den USA und Frankreich auf Rang 3 nach den Spitzenreitern Japan und Schweiz.

Bildung ist primär eine staatliche Aufgabe, und die Innovationskraft unseres Landes hängt entscheidend von der beruflichen Qualifikation der hier lebenden Menschen ab. So ist es nicht verwunderlich, dass das Bundesministerium für Bildung und Forschung Deutschland zu einer Talentschmiede machen will. Doch der Weg dahin ist noch weit, denn im internationalen Vergleich der Bildungssysteme liegt Deutschland nur auf

Rang 15 und ist damit innerhalb sämtlicher Innovationsindikatoren am schlechtesten positioniert.

An der gesellschaftlichen Innovationsfähigkeit mangelt es

Die statistisch erfasste gesellschaftliche Innovationsfähigkeit, gemessen an der Aufgeschlossenheit gegenüber neuen wissenschaftlichen und technischen Entwicklungen, die Bereitschaft zum unternehmerischen Risiko oder die Beteiligung von Frauen am Innovationsprozess, ist nicht gerade eine Stärke der Deutschen. Im internationalen Ranking steht Deutschland auf Platz 10 und gehört mit einem Punktwert von 3,5 nur noch zum schwachen Durchschnitt. Auf Platz 1 liegt Schweden mit 7,0 Punkten, auf Platz 2 die USA mit 6,5 Punkten und auf Platz 3 Finnland mit 6,2 Punkten. Der Abstand zwischen der Spitzengruppe und Deutschland ist also signifikant.

Warum das so ist, haben die Forscher des DIW und auch anderer Forschungsinstitute zu ergründen versucht, indem sie sowohl die Einstellungen als auch das tatsächlich gezeigte Verhalten unter die Lupe nahmen. Dabei wurden untersucht: die unternehmerische Risikobereitschaft und die tatsächliche Häufigkeit von Unternehmensgründungen, die Einstellung hinsichtlich der Beteiligung von Frauen am Innovationsprozess und deren tatsächliche Einbindung in denselben, die Aufgeschlossenheit gegenüber neuen technologischen Entwicklungen und die vorhandenen Kenntnisse über Wissenschaft und Technik, das Vertrauen in die Innovationsakteure, die Grundeinstellungen, die Offenheit und Toleranz sowie das gesellschaftliche Engagement.

Bei den für Innovationen relevanten Einstellungen liegen die Deutschen sogar noch schlechter als beim innovativen Verhalten. Natürlich stehen Einstellung und Verhalten in einer gegenseitigen Wechselwirkung.

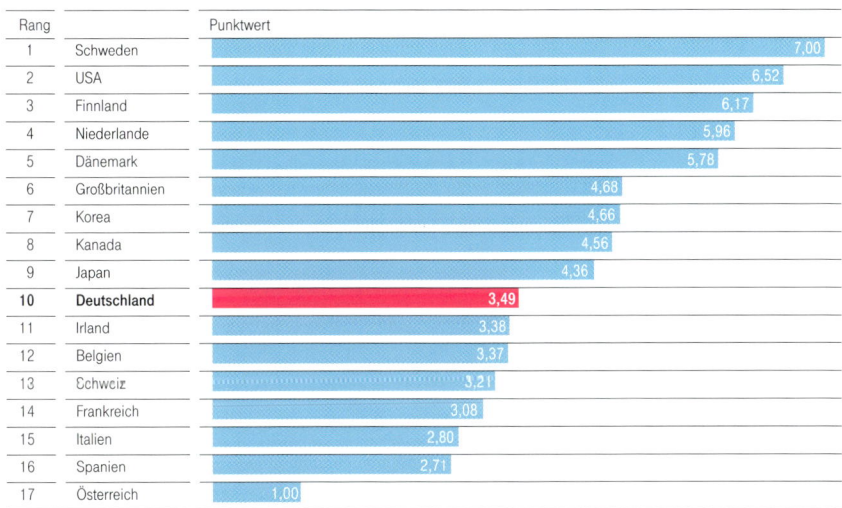

Rang		Punktwert
1	Schweden	7,00
2	USA	6,52
3	Finnland	6,17
4	Niederlande	5,96
5	Dänemark	5,78
6	Großbritannien	4,68
7	Korea	4,66
8	Kanada	4,56
9	Japan	4,36
10	Deutschland	3,49
11	Irland	3,38
12	Belgien	3,37
13	Schweiz	3,21
14	Frankreich	3,08
15	Italien	2,80
16	Spanien	2,71
17	Österreich	1,00

Gesellschaftliches Innovationsklima (Quelle: DIW Berlin, 2008)

Es fehlt die Gründungsbereitschaft

Innovationen und Veränderungen brauchen oft eine Umgebung, wie man sie in Start-up-Unternehmen findet. Doch gerade um die Gründungsbereitschaft ist es in Deutschland besonders schlecht bestellt. Wie das Eurobarometer, eine regelmäßige europaweite Umfrage der EU-Kommission, zeigt, steht Deutschland hinsichtlich der unternehmerischen Risikobereitschaft seiner Bürger mit 1,0 Punkten von 7,0 möglichen auf dem letzten Platz.

Die Mehrzahl der Deutschen zieht eine Angestelltentätigkeit der Selbstständigkeit vor und würde niemals ein Unternehmen gründen, wenn damit die Gefahr eines Misserfolgs verbunden wäre. Dieses Sicherheitsdenken spiegelt sich auch in der Zahl der tatsächlichen Gründungen wider, die mit Rang 10 zwar etwas besser ausfällt als die Risikobereitschaft, aber punktemäßig nicht weit davon entfernt ist. Am häufigsten gründen Koreaner und Amerikaner ein eigenes Unternehmen. Erstaunlicherweise haben die Japaner den geringsten Hang, eine eigene Firma zu gründen, obgleich die dafür notwendige Risikobereitschaft durchaus vorhanden ist.

Frauen partizipieren zu wenig am Innovationsprozess

Generell zeigt sich Deutschland gegenüber der Berufstätigkeit von Frauen immer noch wenig aufgeschlossen. Sowohl bei der Einstellung als auch bei der tatsächlichen Teilhabe liegt Deutschland unter den Industrienationen mit Rang 12 beziehungsweise 13 immer in der unteren Hälfte. Dabei sind Frauen als Nachwuchs im Arbeitsmarkt inzwischen von ausschlaggebender Bedeutung.

Beim Frauenanteil im akademischen Bereich schneidet die Bundesrepublik mit Rang 15 besonders schlecht ab. Mit jeder Karrierestufe verringert sich der Anteil an weiblichen Wissenschaftlern um 10 bis 20 Prozent. Die Entwicklung neuer Modelle, um Familie und Beruf in Einklang zu bringen, ist also dringend geboten.

An Innovationsprozessen sind oft Ingenieure und Naturwissenschaftler beteiligt. In diesen Disziplinen schließen in Deutschland jedoch besonders wenig Frauen ein Studium ab.

Im Jahr 2004 sind auf hunderttausend Frauen im typischen Abschlussalter von 25 bis 34 Jahren gerade einmal 260 weibliche Ingenieure und Naturwissenschaftler hinzugekommen. In Finnland waren es zum Vergleich 740 und in Frankreich 680.

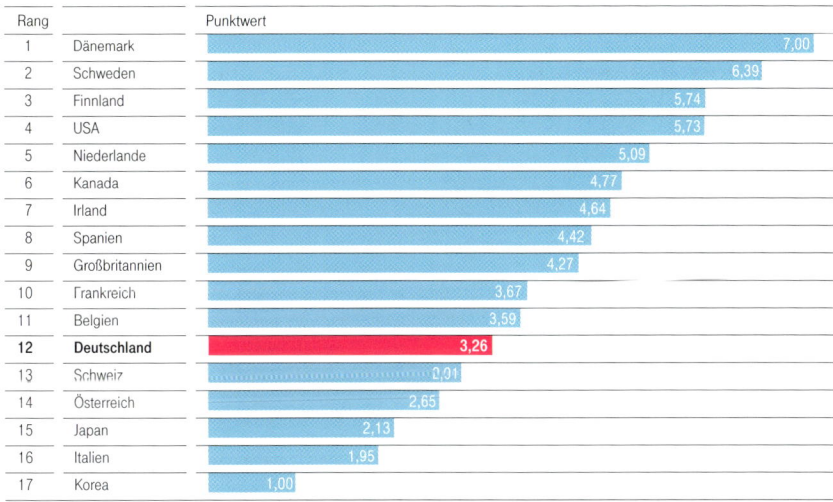

Rang		Punktwert
1	Dänemark	7,00
2	Schweden	6,39
3	Finnland	5,74
4	USA	5,73
5	Niederlande	5,09
6	Kanada	4,77
7	Irland	4,64
8	Spanien	4,42
9	Großbritannien	4,27
10	Frankreich	3,67
11	Belgien	3,59
12	**Deutschland**	**3,26**
13	Schweiz	2,91
14	Österreich	2,65
15	Japan	2,13
16	Italien	1,95
17	Korea	1,00

Positive Einstellung zur Partizipation von Frauen am Innovationsprozess (Quelle: DIW Berlin, 2008)

Die Deutschen haben ein ambivalentes Verhalten gegenüber Neuem

Eine innovationsorientierte Gesellschaft wird ganz wesentlich durch die Aufgeschlossenheit ihrer Bürger für neue wissenschaftliche und technologische Entwicklungen getragen. Das bedeutet nicht nur, dass neue Produkte gekauft und benutzt werden, sondern dass die Mitarbei-

ter von Unternehmen auch für moderne Produktionsverfahren aufgeschlossen sind.

*»Viele Entwickler verfahren meist nach der Prämisse: ›Meine Lö-
sung ist Ihr Problem‹.«* (PROF. DR. CHRISTOPH MEINEL)

Das Interesse und die Bereitschaft der Konsumenten, Produkte mit al-
ten technischen Lösungen durch neue zu ersetzen, ist ein wesentlicher
Motor für die Wirtschaft. Bemerkenswert ist in diesem Zusammenhang
die Ambivalenz der Bundesbürger hinsichtlich wissenschaftlicher und
technischer Neuerungen. Einerseits verbinden sie damit Hoffnungen
und positive Erwartungen, andererseits sind sie Neuentwicklungen gegenüber stark skeptisch.

Wir haben es in Deutschland offensichtlich mit einer gespaltenen
Nation zu tun, denn hinsichtlich der positiven Erwartungen sind nur
drei Nationen optimistischer als die Deutschen, aber hinsichtlich der ne-
gativen Erwartungen auch nur drei noch pessimistischer. Während 84
Prozent der Amerikaner an die Vorteile neuer Entwicklungen glauben,
sind es nur 46 Prozent der Deutschen.

Ganz offensichtlich legen die Deutschen ein weitaus differenzier-
teres Verhältnis im Hinblick auf Innovationen an den Tag als andere
Nationen. So kommt es, dass man hier eher zwischen kontroversen Technologien, wie zum Beispiel der Bio- und Nanotechnologie, aber auch der
Hightech-Landwirtschaft, und nichtkontroversen Technologien, wozu
die Solarenergie, neue Antriebstechniken für Autos und energiesparen-
de Innovationen für Gebäude zählen, unterscheidet. Dabei sind das Interesse und die Informiertheit der Bürger in Deutschland ziemlich aus-
gewogen.

Offenheit gegenüber Innovationen basiert auch auf Vertrauen, besonders hinsichtlich der verschiedenen Akteure, wie den Wissenschaftlern, den Medien, der Politik, aber auch ganz allgemein den Mitmenschen. Das stärkste Vertrauen wird in Deutschland den Medien mit Rang 5 entgegengebracht. Politiker liegen auf Rang 9, Wissenschaftler auf Rang 11, und wenn es um die forschenden Unternehmen geht, landen die nur auf Rang 15.

Es fehlt das verbindliche Engagement der Bürger

Seinen Mitmenschen begegnet der Deutsche am ehesten in nicht institutionalisierten Netzwerken. Die Teilnahme an Demonstrationen oder Unterschriftenaktionen ist vergleichsweise unverbindlich und wird deshalb gern genutzt. Wenn es jedoch darum geht, sich aktiv zu engagieren, landet Deutschland auf dem letzten Platz. Dabei ist gerade dieses verbindliche Engagement in einer innovationsorientierten Gesellschaft von großer Bedeutung, denn es ist ein Indikator für das Vertrauen in andere Menschen. Vertrauen ist die Basis für Zusammenarbeit, die gerade im Hinblick auf die Innovationsfähigkeit von besonderer Bedeutung ist. Auch hier hat die Bildungspolitik offensichtlich noch einen großen Nachholbedarf.

1.2 Zukunft neu erfinden: Plädoyer für die Notwendigkeit, Innovatoren auszubilden

Das von den Innovationsforschern entworfene Deutschlandbild zeigt uns ein Land der Gegensätze, in dem es eine breite an den Werten der Vergangenheit orientierte Basis gibt, die nur eine geringe Beziehung zu der auf die Zukunft ausgerichtete Elite hat. Die Ursachen dafür darf man sicherlich nicht allein in der demografischen Struktur der Bundesrepublik mit einem immer stärker zunehmenden Anteil älterer Menschen suchen. Die Besitzstandsorientierung sowie die mangelnde Veränderungsbereitschaft und -fähigkeit findet man auch in jüngeren Bevölkerungsschichten bis hin zu Schulabgängern, die eine oft dramatische Passivität zeigen, wenn es um die Gestaltung ihrer eigenen Zukunft geht.

»*Wir vernachlässigen das Denken in der Breite.*« (Prof. Hasso Plattner)

Viele Menschen sind der Meinung, dass in Deutschland immer noch Strukturen dominieren, deren Wurzeln im Westen wie im Osten mehr als fünf Jahrzehnte in die Vergangenheit zurückreichen. Dazu gehören eine prekäre Mischung aus Autoritätsgläubigkeit, Unterordnungsbereitschaft und Passivität, verbunden mit der Neigung, Verantwortung nach oben zu delegieren. Hinzu kommt eine ungesunde Form der Anpassung, wiederum verbunden mit einer ausgeprägten Anspruchs- und Versorgungsmentalität.

Dies wird gerade heute in Zeiten einer sich schnell entwickelnden Weltwirtschaftskrise besonders deutlich. Während die amerikanische Bevölkerung Krisenzeiten eher als Herausforderung zu betrachten scheint und daher die Eigeninitiative mobilisiert wird, um die Krise zu bewältigen, neigen die Deutschen möglicherweise mehrheitlich eher dazu, sich einzuigeln und durch ein hartnäckiges »Weiter-so-wie-bisher« die Krise auszusitzen.

Die Verantwortung wird delegiert

Weder der einzelne Bürger noch die Gesellschaft und ihre Repräsentanten in Politik und Wirtschaft scheinen der grundsätzlichen Ansicht zu sein und dafür einzutreten, dass zunächst einmal jeder Mensch selbst für sich und seine Zukunft eine eigene Verantwortung trägt. Diese Aufgabe wird stattdessen den Institutionen überlassen.

Nicht der Mensch als Individuum forscht, erfindet, verändert und verbessert in Zusammenarbeit mit anderen sein Lebensumfeld und schafft sich neue Perspektiven. Dies wird fast durchgängig in der Zuständigkeit von Staat, Unternehmen, Universitäten und anderen Einrichtungen gesehen.

Viele Deutsche scheinen der Auffassung zu sein, dass bei diesen Institutionen die Hauptverantwortung sowohl für das große Ganze als auch für das Glück des Einzelnen liegt. Alles muss reguliert, generalisiert und geordnet sein. Deregulierung und Individualität sind zwar die großen Schlagworte der Gegenwart, doch bedürfen sie in Deutschland offensichtlich einer Initiative von oben, anstatt von der Basis aus verwirklicht zu werden.

In Deutschland würde wahrscheinlich heute kein Politiker einen Wahlkampf gewinnen, weil seine Botschaft »Yes, we can« lautet. »Ja, wir schaffen es«, schien zwar in Deutschland die Grundlage für das Wirtschaftswunder im Westen gewesen zu sein, doch schon damals bedurfte es massiver Anstöße aus den Führungsetagen der Politik und Wirtschaft sowie umfassender Wirtschaftshilfe aus den USA, um die Massen für eine bessere Zukunft in Bewegung zu setzen.

Es fehlt der Anstoß für die Zukunftsbegeisterung

Um die Zukunft neu zu erfinden, reicht es wie damals auch heute nicht aus, den Besitzstand zu wahren und den Status quo zu erhalten, in der Hoffnung, dass von selbst irgendwo ein Funke entsteht, der ein Feuer der Zukunftsbegeisterung entfachen wird. Um dieses Feuer zum Lodern zu bringen, bedarf es ganz einfach einiger Hotspots, die eine Begeisterung entfachen und die sich dann wie ein Flächenbrand ausbreitet.

Insofern ist es notwendig, Innovatoren ganz gezielt auszubilden und gerade jungen Menschen zu zeigen, was in ihnen steckt und wie viel mehr sie gerade als Team aus verschiedenen Disziplinen erreichen können. Natürlich wird in Deutschland schon an vielen Business-Schools Unternehmertum gelehrt. Doch es reicht nicht, wenn die Absolventen dieser Business-Schools zwar wissen, wie man einen überzeugenden Businessplan formuliert, aber keine zündenden Ideen entwickeln können.

Business-School-Absolventen treten oft nicht an, um Innovationskiller zu beseitigen und selbst Innovationstreiber zu sein, sondern sie bewegen sich nur zu oft, auch mit Erfolg, innerhalb vorgegebener Rahmenbedingungen und verzichten darauf, Grenzen zu sprengen.

Das Denken befreien

Anwender-, Verbraucher- und Nutzerorientierung gehören ins Zentrum aller Aktivitäten von Wirtschaft und Staat. Es ist falsch, dass viele Unternehmen den Kunden jeweils nur als »End-User« betrachten und nicht als Quelle für neue Ideen. Bildung und Weiterbildung werden nur dann zu Innovationstreibern, wenn sie das Denken befreien und nicht nur immer spezifischeres Fachwissen vermitteln, sondern auch die Entwicklung von Persönlichkeit und Charakter fördern. Verantwortungsbewusstsein, Initiative und Empathie sind Bildungsziele, die in Deutschland aufgrund oft ungenügender Rahmenbedingungen nicht so vermittelt werden können, wie es wünschenswert wäre.

Vom Einzigartigen zum Normalen

Es erscheint deshalb notwendig, die Mentalität zunächst von wenigen ausgewählten begabten Menschen zu verändern und ihnen eine positive Haltung nach dem Motto »Yes, we can« zu vermitteln. Wenn diese wenigen dann ihre Erfahrungen weitergeben und andere begeistern, werden wir zu einem qualitativen Umschlagpunkt kommen, dem Tipping Point, wo aus etwas Einzigartigem dann vielleicht einmal ein neues Selbstverständnis entsteht, das für alle gilt.

Noch ist die HPI School of Design Thinking in Potsdam ein Einzelfall. Doch sie soll es nicht bleiben. Denn die Notwendigkeit, Innovatoren auszubilden, ist für die Zukunft Deutschlands und für jedes Mitglied unserer Gesellschaft von entscheidender Bedeutung, um Lebensqualität und Lebensstandard langfristig zu sichern. Nicht umsonst lautet eines der Leitworte der HPI School of Design Thinking in Potsdam »Don't wait. Innovate.« Die Frage ist nun, wie man es auf welche Weise und mit welcher Methode am besten anpackt, den innovativen Geist der Menschen zu wecken.

>*»Eine Prise D-School-Geist wäre eine gute Würze für jede universitäre Lehrveranstaltung.«* (Prof. Dr. Holle Greil, Professorin für Humanbiologie, Universität Potsdam)

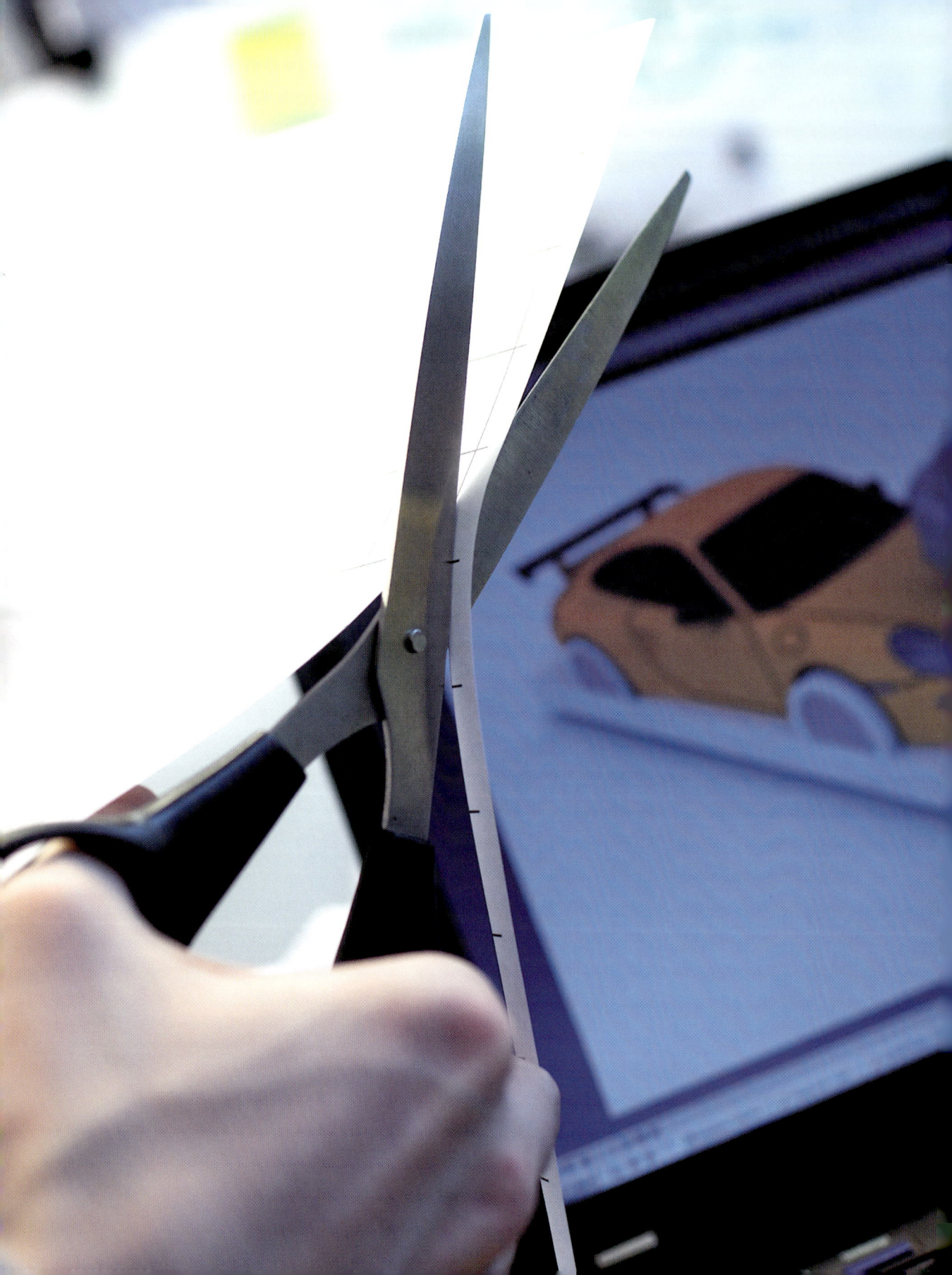

1.3 Design Thinking: ein neuer Ansatz für Innovation

Um besser verstehen zu können, was der Begriff »Design Thinking« tatsächlich meint, muss man sich bewusst machen, dass »Design« in der deutschen Umgangssprache etwas anderes beschreibt als dasselbe Wort im englischen Sprachraum. In Deutschland bezieht sich der Design-Begriff zumindest im breiten Allgemeinverständnis weitgehend auf die Gestaltung von Dingen und Produkten unter künstlerischen, formalen oder gebrauchstechnischen Aspekten.

»Design Thinking ist mehr als eine Strategie. Es ist eine Kultur des Denkens und Arbeitens, die größere Zusammenhänge aufdecken und sichtbar machen kann und gleichzeitig den Menschen, seine Wahrnehmung und Erfahrung und seine soziale und kulturelle Umgebung in den Mittelpunkt stellt.« (VERENA VON BECKERATH, D-SCHOOL-ABSOLVENTIN, STUDENTIN ARCHITEKTUR)

Im globalen Gebrauch der englischen Sprache hingegen bezeichnet das Verb »design« heute den umfassenden Prozess des bewussten, absichtsvollen und planmäßigen Gestaltens von Objekten, Systemen oder Strukturen. »Design Thinking« bedeutet also im übertragenen Sinne »erfinderisches Denken«. Diese Entwicklung und Öffnung des Design-Begriffs sowie seine Anwendung in immer mehr unterschiedlichen Lebensbereichen hat sich in den vergangenen fünf Jahrzehnten allmählich vollzogen.

Wie Design Thinking entstand

In den frühen Sechzigerjahren des vorigen Jahrhunderts machten die Designer die Erfahrung, dass sie immer häufiger eng mit anderen Disziplinen, Konstrukteuren, Ingenieuren und Wissenschaftlern zusammenarbeiten mussten, wobei regelmäßig Kommunikationsprobleme auftauchten, wenn es darum ging, den kreativen Design-Prozess anderen verständlich zu machen.

Die Designer hatten zwar ein Gefühl dafür, was sie taten und warum, doch es fehlte an Theorien und Methoden, die das Vorgehen exakt und allgemeinverständlich beschreiben konnten. Zu dieser Zeit konzentrierten sich die Designer zunächst darauf, große, komplexe Probleme in kleinere, genau zu definierende Probleme und Aufgabenstellungen zu zerlegen und entsprechende Detaillösungen zu entwickeln, die sich dann wieder zu einem großen Bild zusammensetzen ließen.

> *»In herkömmlichen Ingenieursschulen lernten Studenten sehr gut, die richtige Lösung für ein Problem zu finden. An der d.school lehren wir, das richtige Problem zu finden.«* (PROF. TERRY WINOGRAD, PROFESSOR FÜR COMPUTER SCIENCE, STANFORD UNIVERSITY, GRÜNDUNGSMITGLIED DES HASSO-PLATTNER-INSTITUTE OF DESIGN, STANFORD)

In gewisser Weise spiegelte der Design-Prozess von damals das Bild des tayloristischen Arbeitsteilungsprozesses wider. Allerdings erwies sich diese Lösung auf Dauer nicht als befriedigend. Also entwickelte man die Vorstellung, Design als einen sozialen Prozess zu definieren. Dieser Design-Ansatz beschränkte sich nun nicht mehr allein auf die Lösungssuche, sondern konzentrierte sich stärker auf die Formulierung der zu lösenden Aufgaben und Probleme. Ziel war es, damit für alle an einem Innovationsprozess Beteiligten einen gemeinsamen Ausgangspunkt zu finden.

Neues Wissen für bessere Lösungen

Heute wird Design Thinking unter anderem als ein Lernprozess im weitesten Sinne betrachtet, der es den Beteiligten aus unterschiedlichen Disziplinen ermöglicht, neues Wissen zu generieren und aus diesem Wissen heraus bessere Lösungen zu entwickeln. Dazu wurden innerhalb des Design-Prozesses verschiedene Phasen definiert, die iterativ miteinander verbunden sind und so durch Rückkoppelungen den Zuwachs des verwendeten Wissens beständig fördern und verbessern.

Der Design-Thinking-Prozess besteht aus analytischen Phasen, in denen Informationen gesammelt, geordnet und ausgewertet werden, und aus synthetischen Phasen, in denen Lösungen entwickelt, erprobt und verbessert werden. So entsteht eine Bewegung aus der Realität heraus in die Wissenssphäre mit ihren abstrakten Theorien und Ideen, die dann wieder als Lösungen in die Praxis übersetzt werden.

Der Begriff Design Thinking wurde in einer größeren Öffentlichkeit wahrscheinlich erstmals 1991 im Zusammenhang mit dem Symposium »Research in Design Thinking« benutzt, das von Nigel Cross, Norbert Roozenburg und Kees Dorst an der Technischen Universität Delft organisiert worden war. William Moggridge brachte den Begriff dann in das Beratungsunternehmen IDEO ein, wo er von David Kelley mit den spezifischen Inhalten verknüpft wurde, die die heutigen Grundlagen der HPI School of Design Thinking bilden.

Design Thinking ist ein iterativer Lernprozess

Nachdem sich gegen Endes des zwanzigsten Jahrhunderts immer mehr die Erkenntnis durchgesetzt hatte, dass Design Thinking nicht nur der schnellere, sondern auch der bessere Weg ist, zu neuen Lösungen zu kommen, wurden diese Ansätze in unterschiedlicher Weise von Beratungsfirmen und Unternehmen in den USA und inzwischen vielerorts aufgegriffen und praktiziert. Dabei ging es um klare Wettbewerbsvorteile. Inzwischen wird Design Thinking in nahezu allen Branchen eingesetzt.

> »Design Thinking ist eine Rakete zu Beginn eines jedes wissenschaftlichen Prozesses.« (Dipl.-Ing. Stefano Consiglio, Oberingenieur IWF, TU Berlin)

Als am 17. Mai 2004 die Titelgeschichte der *BusinessWeek* »The Power of Design Thinking« lautete und der Gründer von IDEO David Kelley sowie der CEO Tim Brown für IDEO auf dem Titelbild standen, war diese Design-Agentur längst nicht mehr die einzige, die mit den Methoden des Design Thinking arbeitete, aber sie hatte immerhin einen spürbaren Vorsprung vor den Nachahmern.

Der Wettbewerb zwischen IDEO und den klassischen Unternehmensberatungen wie McKinsey, Boston Consulting und Bain, aber auch anderen Designfirmen wie Design Continuum, Ziba Design oder Insight Product Development, war längst entbrannt. Manche versuchten die klassischen Instrumente der Unternehmensberatung, zum Beispiel Qualitätsmanagement und Kostensenkungsprogramme, durch Kundenorientierung und Kreativitätsübungen zu ergänzen, andere, auch große Unternehmen, bemühten sich, eine eigene Innovationskultur mit Design-Thinking-Methoden heranzuziehen.

Man hatte erkannt, dass die Probleme, mit denen die heutige Welt konfrontiert ist, mit dem Wissen einzelner Disziplinen allein nicht mehr bewältigt werden können und dass Design Thinking die zeitgemäße Form ist, Lösungen für diese Probleme zu finden.

Design Thinking erfordert neue Fähigkeiten

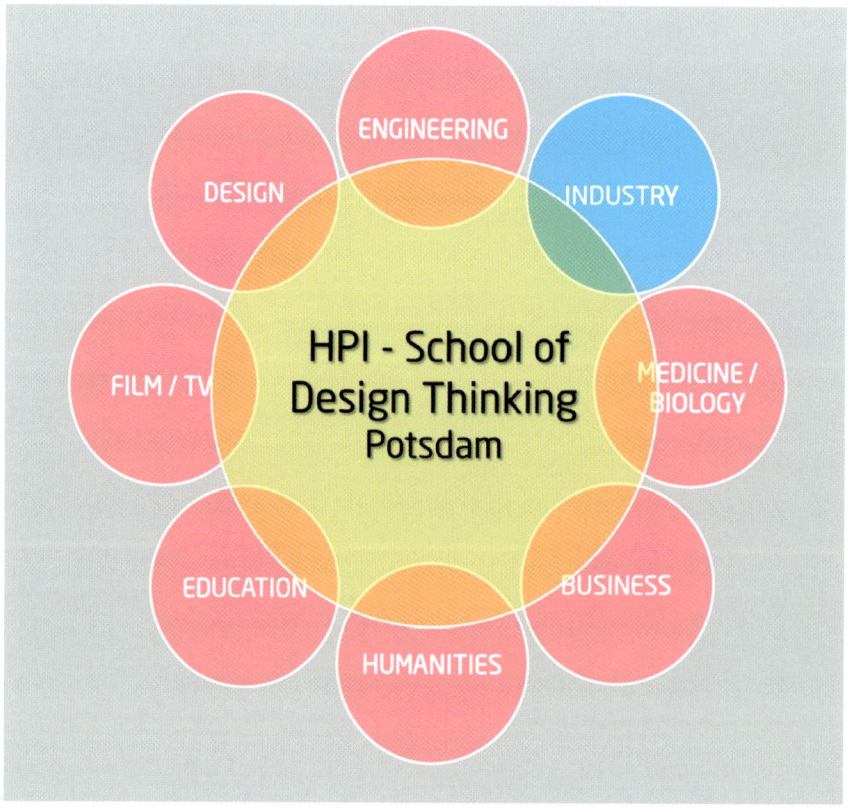

Multidisziplinäre Teams

So zeichnete sich schon im Jahr 2004 sowohl in den Unternehmen als auch bei den Beratungsfirmen ein massives Nachwuchsproblem ab. Wo konnte man neue Mitarbeiter finden, die nicht nur über die notwendigen fachlichen Kompetenzen verfügten, sondern auch die Fähigkeit zur Ideenfindung besitzen?

> *»Wir müssen die Neugier stärker wecken. Das Bedürfnis, kreative Dinge zu tun. Und das sehr frühzeitig, schon in der Schule.«* (TIM BROWN, CEO VON IDEO)

Über einen gewissen Zeitraum konnte man auf Mitarbeiter zurückgreifen, die ein »natürliches Talent« für das Design Thinking mitbrachten. Meist waren es sogenannte Polymaths. Damit bezeichnet man Personen, die nicht nur ein einziges Fachgebiet beherrschen, sondern gleich mehrere. Akademiker mit Abschlüssen in unterschiedlichen Studienfächern gehören ebenso dazu wie Künstler mit mehreren Talenten oder auch einfach nur Menschen, die über eine sehr breite Allgemeinbildung verfügen. In Europa spricht man meist von einem Renaissance-Menschen, dessen bekanntester Archetyp sicherlich Leonardo da Vinci war. Doch solche Naturtalente sind rar.

Deshalb antwortete Tim Brown in einem Interview mit der *Wirtschaftswoche* im Jahr 2006 auf die Frage, ob es für die kreative Wirtschaft, in der wir uns alle bewegen, genug Talente gäbe: »Nein. Das Bildungssystem hat mit den Anforderungen der Wirtschaft nicht Schritt gehalten. Wir reden davon, dass wir mehr Kreativität in den Unternehmen brauchen. Doch in der Schule wird sie nicht oder nur wenig angeregt. Zumindest trifft das auf die USA zu. In Europa ebenfalls, auch wenn es dort etwas besser ist. Dabei müssen wir schon in der Schule ansetzen.«

Auf die Nachfrage, ob denn nur das Bildungssystem schuld sei oder ob es auch am mangelnden Ehrgeiz der Menschen im Westen liegen könnte, antwortete Brown: »Wir müssen die Neugier stärker wecken. Das Bedürfnis, kreative Dinge zu tun. Und das sehr frühzeitig, schon in der Schule«. Ich gebe oft Vorträge an betriebswirtschaftlichen Fakultäten, beispielsweise Harvard. Viele Zuhörer haben sich auf eine Karriere als Investmentbanker eingestellt. Dann hören sie etwas über Innovation, sind interessiert und wollen mehr darüber erfahren. Nun, das ist eindeutig zu spät.«

Dann verweist Brown auf das ein Jahr zuvor gegründete Hasso Plattner Institute of Design an der Stanford University, wo wie auch an der HPI School of Design Thinking in Potsdam Studenten aus den verschiedensten Feldern, wie angehende Ärzte, Betriebswirte, Lehrer und Ingenieure, mit den Innovationsmethoden vertraut gemacht werden. Tim Brown bekräftigt dabei noch einmal seine Ansicht, dass dies eigentlich viel früher, also nicht erst zum Ende oder nach einem Studium ansetzen müsste.

Design Thinking braucht multidisziplinäre Teams

Wir sind ebenfalls der Ansicht, dass Innovation sehr früh ansetzen muss. Darum veranstalten wir auch regelmäßig Schüler-Camps in der School of Design Thinking, zum Beispiel mit dem MINT-EC e. V., in denen wir die Schüler mit den Prinzipien des Design Thinking vertraut machen. Allerdings kann man bei diesen Veranstaltungen noch keine überragenden Ergebnisse erwarten, weil den Kindern und Jugendlichen das Fachwissen fehlt, das in Experten-Teams gebraucht wird.

DESIGN THINKING

ANALYTICAL THINKING

Ein möglichst weit fortgeschrittenes oder sogar schon abgeschlossenes Studium bietet die beste Voraussetzung, um Design Thinking nicht nur zu lernen, sondern auch effektiv zu nutzen. Ohne dieses Fachwissen nützt die Verbindung mit anderen Spezialisten, das was wir T-Shaping nennen, nichts. Außerdem ist die HPI School of Design Thinking im akademischen Bereich angesiedelt und wendet sich daher zwangsläufig an ältere Jahrgänge ebenso wie das Institut in Stanford.

T-Shaping

Kreativität allein ohne das multidisziplinäre Fachwissen einer heterogenen Gruppe wird in den meisten Fällen kaum zu einer befriedigenden Lösung führen. So wie Fachwissen allein ohne die Anwendung der Design Thinking-Methode ebenfalls häufig nicht das eigentliche Ziel erreicht oder an den Bedürfnissen der späteren Nutzer vorbeigeht.

> *»Die besten Ideen entstehen, wenn man mehrere Experten mit unterschiedlichen Fähigkeiten zusammenbringt.«* (Prof. David Kelley, Leiter des Hasso Plattner Institute of Design, Stanford)

Das soll jedoch nicht bedeuten, dass Kreativität, das Erproben von Möglichkeiten und das problemlösungsorientierte Denken nicht schon von Kind auf geübt werden sollten, nur ist eine zusätzliche systematische und methodische Ausbildung nötig.

Allerdings ersetzt diese Ausbildung nicht ein gewisses Persönlichkeitsprofil, das den überdurchschnittlichen Design Thinker von einem durchschnittlichen unterscheidet. Schon der durchschnittliche Design

Thinker wird bessere Leistungen erbringen können als jemand, der niemals über den Tellerrand seines spezifischen Fachgebiets hinausgeschaut hat. Ein gewisses Talent ist ganz ohne Zweifel nützlich, auch wenn es uns gar nicht darum geht, »überdurchschnittliche Design Thinker« auszubilden, sondern darum, Menschen mit Design Thinking zu innovativen Teamplayern zu machen.

Innovatoren brauchen spezielle Eigenschaften

Wenn überhaupt vom »Talent« zum Design Thinking gesprochen werden kann, dann eher in Sachen Teamfähigkeit, Empathie, Erneuerungswillen, Wandlungsfähigkeit und geistiger Mobilität. Denn es geht um Innovationskultur in den Institutionen.

Ob die Bewerber an der HPI School of Design Thinking über entsprechende Eigenschaften verfügen, versuchen wir unter anderem dadurch herauszufinden, dass wir sie auffordern, ihre Erwartungen an den Studiengang zu formulieren und ihnen in einem Probelauf, dem sogenannten D-Camp, früher nannten wir es noch Bootcamp, die Möglichkeit bieten, ihre Fähigkeiten unter Beweis zu stellen.

Für die Zukunft vorbereiten
heißt Veränderungen herbeiführen

So gut wie alle herkömmlichen Ausbildungen orientieren sich an den Anforderungen der Gegenwart. Was darüber hinausgeht, ist in den Curricula der Universitäten und Hochschulen nicht vorgesehen, weil es nicht vorhersagbar ist. Anders an der HPI School of Design Thinking: Hier werden die Studenten auf ihre zukünftige Rolle als »Macher« und »Break Through Thinker« gründlich vorbereitet. Diese sollen Umbrüche und Veränderungen nicht nur begleiten, sondern auch selbst einleiten und zum Erfolg führen.

Das mag vielen als ein sehr hoch gestecktes Ziel erscheinen, doch eine menschengerechte Zukunft lässt sich nur gestalten, wenn wir Gegenwärtiges durch Besseres ersetzen.

Um die notwendigen Veränderungen erkennen und diese auf die richtige Art und Weise einleiten zu können, soll Design Thinking konsequent genutzt werden, um multidisziplinäre Teams zu inspirieren und für neue Aufgaben zu motivieren.

> *»Wir helfen unseren Studenten, die Fertigkeiten, das Urteilsvermögen und die Courage zu entwickeln, Dinge auf neue Weise zu tun.«* (PAMELA HINDS, ASSOCIATE PROFESSOR AM CENTER OF MANAGEMENT SCIENCES AND ENGINEERING)

Es gibt zahlreiche Kreativitätstechniken und Methoden zur Ideenfindung, doch die Initiatoren der HPI School of Design Thinking sind aufgrund ihrer zum Teil jahrzehntelangen Erfahrung überzeugt, dass Design Thinking, wie es in Stanford und Potsdam eingesetzt wird, die beste ist. Design Thinking ist der zurzeit aktuellste Ansatz, zu innovativen Ansätzen zu kommen.

Weder Elfenbeinturm noch beschützte Werkstatt

Ein weiteres Ziel der HPI School of Design Thinking ist es, eine möglichst unbegrenzte Zusammenarbeit zwischen den Studenten, der Fakultät und der Wirtschaft sowie anderen gesellschaftlichen Institutionen zu schaffen, die frei von Barrieren ist. Die Studenten dürfen mit ihren Professoren und Lehrern nicht in einem wissenschaftlichen Elfenbeinturm eingeschlossen werden, sie sollen nicht nur Praxisnähe, sondern die Praxis selbst erleben können.

Was an der HPI School of Design Thinking gelehrt wird und wie es gelehrt wird, hat ganz handfeste Hintergründe, die in der nationalen Herkunft der jeweiligen Studenten liegen. Die deutsche Wirtschaft ist zu einem sehr hohen Maße vom Export abhängig, und der globale Wandel erfordert neue Fähigkeiten. Es ist deshalb wichtig, mit Menschen aus anderen Nationen und mit anderem kulturellen Hintergrund umgehen zu können.

Auch dies ist ein Aspekt der multidisziplinären Teams und nicht nur die Zusammenführung unterschiedlicher Denkweisen aus verschiedenen wissenschaftlichen Disziplinen. Die Unterrichtssprache an der HPI School of Design Thinking in Potsdam ist Englisch, damit von vornherein das Denken in anderen Begriffen trainiert und eine weltumspannende Kommunikation eingeübt wird. Bewusstes Denken beruht auf Sprache, und eine andere Sprache sensibilisiert auch das Denken.

Ideen entstehen nicht im luftleeren Raum

Viele Menschen haben die Erfahrung gemacht, dass gute Ideen überall entstehen können, beim Joggen oder Spazierengehen, oft auch im Urlaub oder in der Freizeit. Das trifft aber immer nur auf den einzelnen Menschen zu. Wir wissen aus Erfahrung, dass Teams eine bestimmte Umgebung brauchen, um zu neuen brauchbaren Erkenntnissen und Ergebnissen zu kommen. Das wurde bei der Gestaltung der HPI School of

Design Thinking in Potsdam nach dem Stand der aktuellen Erkenntnisse berücksichtigt.

Große, luftige Räume mit verschiebbaren Tafelwänden, an denen Ideen festgehalten werden können, gehören ebenso dazu wie speziell konstruierte mobile Arbeitstische, an denen sich die Teams im Stehen zusammenfinden und gemeinsam die verschiedenen Arbeitsschritte durchführen können.

Zum Arbeiten gehört aber nicht nur die Erzeugung einer gewissen Spannung, sondern auch Entspannung und Erholung. Deshalb gibt es in der HPI School of Design Thinking die roten Sofas, die man für die verschiedenen Zwecke und Situationen auf Rollen bewegen kann.

> »Design Thinking wird sich in den Köpfen der Leute einschleichen. Diese Art zu denken wird ein Teil ihres Denkens werden.« (Prof. Terry Winograd, Professor of Computer Science, Stanford University, Gründungsmitglied des Hasso Plattner Institute of Design, Stanford)

Auch im Bezug auf das Mobiliar stellt die HPI School of Design Thinking in Potsdam die nächste Iteration nach Stanford dar. Die roten Sofas sind zwar identisch, aber die Arbeitstische und Whiteboards wurden von uns neu designed und befinden sich derzeit bereits in der dritten Iterationsphase. Die Möbel sind bei unseren Projektpartnern so beliebt, dass das Möbelunternehmen System 180 nun eine »D-School-Line« herausbringen wird.

Das Wichtigste aber ist der Design-Thinking-Prozess, der nicht nur in den Lehrveranstaltungen und visuell allgegenwärtig ist, sondern als Gerüst für Kreativität und Innovation während der zwei Semester des Design-Thinking-Studiums eine feste Verankerung in den Köpfen der Studierenden findet.

»D-School ist für mich Inspiration und Erfahrungszuwachs (durch die Vielfalt der Leute).« (LENA ELLERMANN, D-SCHOOL-ABSOLVENTIN, STUDENTIN BILDENDE KUNST)

Design Thinking beruht heute noch ausschließlich auf Erfahrungen, und Erfahrungen werden speziell in Deutschland oft nicht in dem Maße wertgeschätzt, wie es notwendig wäre. Doch genau das wird durch den neuen Ansatz zur Ausbildung von Innovatoren geändert. Erfahrungen sind für Design Thinker das höchste Gut, denn sie öffnen das Tor zu neuen Ideenwelten. Gerade der ganzheitliche Ansatz, der 360-Grad-Blickwinkel und die strenge Team-Orientierung machen Design Thinking so erfolgreich.

Das Persönlichkeitsprofil eines Design Thinkers

Wie schon erwähnt, braucht ein Design Thinker sozusagen als Basisausstattung ein gewisses Persönlichkeitsprofil, weil ihm seine Tätigkeit dann deutlich leichter fallen wird, als wenn er über diese Eigenschaften nicht verfügt:

- Empathie,
- integratives Denken,
- Experimentierfreude,
- Fähigkeit zur Zusammenarbeit,
- Optimismus.

All diese Eigenschaften müssen nicht gleichmäßig stark ausgeprägt oder gar dominant sein, doch sollten sie zumindest sichtbar sein und die Erwartung rechtfertigen, sie ausbauen zu können.

Empathie

Beginnen wir bei der Empathie. Empathie bedeutet Einfühlungsvermögen und darf nicht mit dem Begriff Mitgefühl verwechselt werden. Es kommt beim Design Thinking nicht darauf an, die Gefühle, wie Freude, Ärger, Zorn, Schmerz oder Trauer, eines anderen Menschen zu teilen, sondern die Welt mit seinen Augen sehen zu können, zu verstehen, was er wahrnimmt und empfindet, und dabei auch noch in der Lage zu sein, zu analysieren, warum das so ist.

Design Thinking braucht Einfühlungsvermögen

> *»Lernen, anderen Menschen zuhören zu können, gute Fragen stellen, anderen zum Erfolg verhelfen – das ist es, was wir unseren Studenten vermitteln wollen.«* (BERNIE ROTH, PROFESSOR OF MECHANICAL ENGINEERING UND DESIGN SOWIE LEITER DER D.SCHOOL IN STANFORD)

Durch Empathie kann der Design Thinker die Welt aus anderen Blickwinkeln, welche nicht die eigenen sind, wahrzunehmen, wobei es notwendig ist, die eigene Sichtweise zu unterdrücken. Besonders wichtig ist es, beim Design Thinking Wünsche, Bedürfnisse und Absichten zu erkennen, die möglicherweise nicht oder nur unbefriedigend erfüllt werden.

> *»Die D-School hat mir geholfen, ein besseres Verständnis für die Wünsche und Bedürfnisse anderer Menschen zu bekommen. Design Thinking beinhaltet für mich auch eine produktiv-kreative Mischung aus selbstständigem und gemeinsamem Schaffen.«* (JOHANNES ERDMANN, D-SCHOOL-ABSOLVENT, STUDENT POLITIKWISSENSCHAFT UND LEHRAMT KUNST, POLITISCHE BILDUNG, FRANZÖSISCH)

Mithilfe von Empathie können die Bedürfnisse anderer Menschen auch besser erkannt werden, als wenn man sie nur einer anonymen Befragung unterzieht. Generell geht es dem Design Thinker aber niemals darum, in einen anderen Menschen einzudringen, sondern sich für Veränderungen inspirieren zu lassen.

Folgende Eigenschaften sind für einen Design Thinker kontraproduktiv: Selbstüberschätzung und die Annahme, von vornherein die richtige Lösung zu kennen, sind für die Entwicklung von Empathie ebenso ungünstig wie Voreingenommenheit oder gar der unbewusste Einsatz von Vorurteilen. Es ist schwer, sich auf andere Menschen einzulassen, wenn man sie von vornherein gering schätzt oder sie gar dominieren möchte.

Persönliche Stärken empathischer Menschen

- Sie erfassen auf intuitive Weise die Bedürfnisse anderer Menschen, auch wenn diese nicht ausgesprochen werden.
- Sie verstehen andere Menschen, auch wenn sie nicht alles gutheißen, wie diese etwas tun oder was sie tun.
- Sie können zwischen Mitleid einerseits und empathischem Erkennen andererseits unterscheiden.
- Sie neigen nicht zu Verallgemeinerungen und Schubladendenken, sondern sind zur Einzelwahrnehmung fähig.
- Sie erkennen die Unterschiede im Verhalten und im Handeln verschiedener Menschen.
- Für sie ist auch die Umgebung anderer Menschen von großer Bedeutung, und sie sind in der Lage, daraus Rückschlüsse zu ziehen.

Integratives Denken

Zum integrativen Denken gehört es nicht nur, Produkte, Abläufe oder Systeme zu analysieren, indem man sie einer Richtig-oder-falsch-Prüfung unterwirft, sondern es kommt gerade bei komplexen Problemen darauf an, seinen Blick nicht nur auf die herausragenden Fehler oder Vorteile zu lenken, sondern auch die verborgenen wahrzunehmen.

»Es ist nicht unsere Aufgabe, Produkte marktreif zu machen, sondern spannende Ideen und Prototypen zu entwickeln.« (PROF. ULRICH WEINBERG)

Integratives Denken und Experimentierfreude sind wesentliche Eigenschaften

Integratives Denken erfordert nicht nur die Fähigkeit, unter bestehenden, bekannten Lösungen die beste auszuwählen, sondern auch neue Lösungen zu entwickeln oder zumindest bestehende so zu verändern, dass sie zu besseren Ergebnissen führen. Gerade die Kombination existierender Technologien führt im Design Thinking häufig zu frappierenden Lösungen, die eben von »Experten« so gar nicht gefunden werden können.

Persönliche Stärken integrativ denkender Menschen

- Die Menschen sind in der Lage, als objektiver, unvoreingenommener Betrachter Theorien und Praktiken zu analysieren und die Spreu vom Weizen zu trennen.
- Sie schätzen Daten und Fakten höher ein als unbegründete Meinungen, und sie können auch verborgene Muster identifizieren und benennen.
- Sie verfügen über die notwendige Disziplin, um planvoll und in geordneten Schritten vorzugehen.
- Sie können verborgene Potenziale entdecken und entwickeln.
- Sie können Wichtiges von Unwichtigem unterscheiden und sich auf Ziele fokussieren.
- Sie verfügen über eine fast unstillbare Wissbegierde und lernen leidenschaftlich gern. Dabei ist der Lernprozess für sie genauso wichtig wie das Thema, mit dem sie sich befassen.
- Es geht ihnen darum, Unwissenheit in Kompetenz zu verwandeln.

Kontraproduktiv ist es für das Design Thinking, stets fertige Lösungen parat zu haben und von diesen auch nicht mehr abweichen zu wollen. Rechthaberei und Voreingenommenheit sind Gift für integratives Denken. Genau so gefährlich ist es, die Ausgangstatsachen umzuinterpretieren, wenn sie nicht mit den erreichten Ergebnissen übereinstimmen wollen. Auch wer sich zu sehr einfügt und sich bestehenden Strukturen unterordnet, wird Probleme beim integrativen

Denken haben. Zumindest werden die Ergebnisse hinter den Möglichkeiten zurückstehen.

»Ich habe eine Menge Ideen bekommen, wie ich mein Leben organisieren kann, wie ich brainstorme. Ich kann diese Dinge auch in meinem restlichen Leben anwenden.« (Maria Rastrepkina, D-School-Absolventin, Studentin Software Engineering)

Experimentierfreude

Etwas ausprobieren, Erfahrungen sammeln, das Ungewöhnliche wagen und auch die Bereitschaft, Fehler hinzunehmen, sind die wesentlichen Aspekte von Experimentierfreude. Oft muss man es einfach probieren, um feststellen zu können, ob etwas funktioniert oder nicht.

Dazu braucht man oft auch eine hohe Frustrationsschwelle, wenn die beabsichtigte Lösung nicht den gewünschten Erfolg zeigt. Doch genau darin liegt der Sinn und Nutzen des Experimentierens, aus Erfahrungen und besonders aus Fehlern zu lernen. Es reicht nicht allein, Theorien zu bilden, um ein Design Thinker zu sein, sondern man muss auch die Bereitschaft mitbringen, diese zu erproben.

Persönliche Stärken experimentierfreudiger Menschen

- Nicht nur beim integrativen Denken, sondern auch beim Experimentieren ist analytisches Denken von entscheidender Bedeutung.
- Es kommt nicht nur darauf an festzustellen, dass man einen Fehler gemacht hat, sondern auch warum und wie dieser Fehler beschaffen ist.

Gerade beim Experimentieren bedarf es neben der Freude am Neuen auch einer gewissen Disziplin, um den Experimenten Relevanz zu geben. Beim Experimentieren wird aber auch eine gehörige Portion Enthusiasmus erwartet. Humor und eine gewisse Portion Selbstdistanz machen es leichter, Probleme mit einer gewissen Unbekümmertheit anzugehen.

Enthusiasmus bedeutet nicht, dass man verbissen eine einzige Lösung verfolgt, sondern dass man Spaß daran hat, dazuzulernen, auch wenn man Rückschläge erleidet. Wichtig beim Experimentieren ist es, ähnlich wie beim integrativen Denken, möglichst viele Ideen zu sammeln. Das muss nicht nur in Form von Gedanken und Notizen der Fall sein, sondern sollte gerade beim Design Thinking auch in Form konkreter Gegenstände erfolgen.

> *»Ich bin zur D-School gekommen, weil ich dachte, es würde Spaß machen, aber es hat mich auch bei meinem regulären Studium weitergebracht. Man sollte wirklich an die eigene Gabe glauben, zufällig glückliche und unerwartete Entdeckungen zu machen.«* (HAGEN OVERDICK, D-SCHOOL-ABSOLVENT, STUDENT SOFTWARE ENGINEERING)

Wer experimentieren will, muss für viele Dinge aufgeschlossen sein und eine besondere Form der Offenheit für Neues zeigen. Natürlich sollte man beim Experimentieren auch einer Strategie folgen, die man explizit oder auch implizit vorgibt. Sobald man erkennt, wohin die Entwicklung geht, kann man vielversprechende Lösungen weiter vorantreiben, unbrauchbare Lösungen verwerfen, und andere aufsparen, wenn sie noch eine Idee beinhalten, die anderweitig zu verwerten ist. Wer experimentieren will, muss auch entscheidungsfreudig sein.

Natürlich gibt es auch Gedankenexperimente, aber Design Thinking setzt mehr auf Sichtbares, Anfassbares, Anfühlbares, Erlebbares, Kommunizierbares und Messbares. Denken und Handeln dürfen keine Gegensätze darstellen, sondern müssen sich immer wieder aufs Neue gegenseitig befruchten.

Ganz besonders wichtig für die Experimentierfreude ist die Vorstellungskraft. Damit schafft man einen ganz neuen Blickwinkel auf scheinbar vertraute Gegebenheiten. Wer bereit ist, bekannte Zusammenhänge aus ungewöhnlichen Perspektiven zu betrachten und diese neuen Erkenntnisse auch auszuloten, bringt gute Voraussetzungen für das Design Thinking mit.

»Ich habe den Prozess gelernt und denke nun die ganze Zeit viel innovativer, zum Beispiel wie kann man die Sachen in meiner Umwelt besser machen,« (Agnes Bognár, D-School-Absolventin, Studentin Betriebswirtschaftslehre)

Das größte Hindernis für Experimentierfreude ist sicherlich die Angst vor Neuem. Wer sich davor fürchtet, gewohnte Pfade verlassen zu müssen, ist für das Design Thinking ebenso wenig geeignet wie jemand, der eine andere Meinung als nur seine eigene nicht gelten lassen kann.

Fähigkeit zur Zusammenarbeit

Die Fähigkeit zur Zusammenarbeit ist für einen Design Thinker ebenso eine Grundvoraussetzung wie Empathie, integratives Denken und Experimentierfreude. Wir müssen es einfach als Tatsache hinnehmen, dass die zunehmende Komplexität von Produkten und Dienstleistungen nicht mehr von einem einzelnen Menschen bewältigt werden kann, selbst wenn er ein Universalgenie ist, und uns deshalb vom Mythos des Universalerfinders nach Art des Daniel Düsentrieb verabschieden.

> *»Vor allem habe ich gelernt, die Herausforderungen der Team-Arbeit zu meistern und wie ich in Bezug auf meine eigenen Ideen und die der anderen flexibler werde.«* (FRANK ZOPP, D-SCHOOL-ABSOLVENT, STUDENT PUBLIZISTIK, KOMMUNIKATIONSWISSENSCHAFTEN, AMERIKANISTIK)

Die Probleme, mit denen die heutige Welt konfrontiert ist, sind so komplex und erfordern so schnelle Reaktion, dass nur ein umfassender Ansatz wie Design Thinking adäquat reagieren kann.

Komplexe Probleme brauchen komplexes Denken, und das ist nur in heterogenen Teams vorhanden. Jeder Design Thinker muss also ohne Ausnahme die Fähigkeit zur Zusammenarbeit mit anderen Fachleuten mitbringen, die ebenso begabt und qualifiziert sind wie er selbst.

Denn was zählt, ist einzig und allein die Qualität der gemeinsamen Lösung und nicht, dass sie für alle erkennbar die individuelle Handschrift eines einzelnen Teammitglieds trägt. Teamarbeit erfordert also Flexibilität und, wenn nötig, auch Konfliktfähigkeit. Im Team ist auch der Umgang mit Unvorhergesehenem deutlich einfacher zu bewältigen, wenn jeder die gleichberechtigte Meinung der anderen akzeptiert.

Persönliche Stärken von Menschen, die fähig zur Zusammenarbeit sind

- Jeder Design Thinker sollte zwar über ein besonderes Fachwissen verfügen und durchaus eine starke Persönlichkeit sein, dennoch muss es ihm auch gelingen, sich im Team zurückzunehmen.
- Der Design Thinker muss erkennen, wann der Zeitpunkt gekommen ist, die Führung eines Projekts zu übernehmen oder auch abzugeben.

Schwierige Probleme lassen sich besser im Team lösen

»Ich glaube, der größte Effekt der D-School für mich war, den Wert von anderer Leute Feedback zu schätzen. Dass vier Augen mehr sehen als zwei, dass sechs Augen mehr sehen als vier und so weiter.«
(JOEL KACZMAREK, D-SCHOOL-ABSOLVENT, STUDENT EUROPÄISCHE MEDIENWISSENSCHAFT, KOMMUNIKATIONSWISSENSCHAFT, POLITIKWISSENSCHAFT)

Es ist für alle Teammitglieder wichtig, eine ganz bestimmte Art von Bindungsfähigkeit zu entwickeln, die sich an der Aufgabe orientiert und auf gegenseitigem Respekt begründet ist. Ein Team ist kein verschworener Freundeskreis, sondern eine Gruppe, die ihren Mitgliedern Sicherheit und Zufriedenheit gibt und die von gegenseitigem Vertrauen getragen wird. Jeder muss in der Lage sein, sich selbst zu disziplinieren, um die Kräfte auf das Projekt zu konzentrieren und nicht mit überflüssigen Diskussionen über Formalitäten zu verschwenden.

Wenn die vorhergehenden Merkmale erfüllt sind, wird es darüber auch keine Diskussionen mehr geben, denn Empathie wirkt nicht nur nach außen, sondern auch nach innen. Jedes Teammitglied sollte seine eigenen Stärken und Schwächen kennen und darauf verzichten, sie durch Machtspiele zu kaschieren. Im Team bleibt wenig verborgen, aber es handelt sich nicht um eine Therapiegruppe, sondern um eine Arbeitsgemeinschaft.

Teamdynamik und Teamprozesse spielen natürlich eine große Rolle in der D-School, da von deren Qualität die Ergebnisse maßgeblich abhängen. In Stanford gibt es den sogenannten. »D-Shrink«, den Hauspsychologen, der sich mit den Teacher-Teams und den Studenten-Teams und der Dynamik untereinander intensiv beschäftigt.

Fairness und Respekt sind die Hauptinstrumente, über die jeder Design Thinker verfügen muss, um an der Bewältigung von Konflikten mitwirken zu können. Jedes Teammitglied sollte davon überzeugt sein, dass es wichtig ist, jeden als Teil der Gruppe in den Gesamtprozess zu integrieren. Es sollte jedem Design Thinker ein wichtiges Anliegen sein, die Zusammengehörigkeit zu stärken und niemanden auszuschließen.

Deshalb halten sich die meisten mit Urteilen über andere Menschen deutlich zurück. Diese Toleranz basiert auf dem Respekt vor der Verschiedenheit der Menschen an sich. Es sind dann sicher nicht alle gleich, aber gleichwertig. Und deshalb haben auch alle das Recht, beachtet und gehört zu werden.

> *»Es hat Rhythmus in mein Leben gebracht: den Dienstag und Freitag als feste Größen. Der Kontakt zu den Leuten war superwichtig, genauso wie beispielsweise Interviewtechniken zu trainieren.«* (Björn Bethge, D-School-Absolvent, Student Produkt- und Umweltdesign)

In der Gruppe zeigt sich auch die Kommunikationsfähigkeit von Design Thinkern. Jeder muss sehr schnell lernen, dass jede Disziplin eine eigene Fachsprache mit speziellen Fachbegriffen hat und dass auch ganz spezifische Denkmuster gepflegt werden, die anderen Disziplinen nicht verständlich sind.

Design Thinker müssen also wieder zu einer einfachen Sprache finden, die nicht der Abgrenzung, sondern der Verständigung dient. Die Kommunikation in einem Design-Thinking-Team läuft über Stories, Bilder, Beispiele und Metaphern. Nur so lässt sich die Informationsflut in den Griff bekommen und nur so lassen sich auch komplexe Ideen schnell und einfach kommunizieren.

Kontaktschwache und introvertierte Menschen werden es als Design Thinker schwer haben. Das Gleiche gilt für Menschen, die auf ihre

Autorität pochen oder beständig ihre eigene Bedeutung und Bedeutsamkeit unter Beweis stellen müssen. Auch wer glaubt, das Leben sei ein ständiger Wettbewerb, und er könne sich nur als Sieger fühlen, wenn die anderen seinen Wünschen entsprechen, wird wohl schon bald feststellen müssen, dass Design Thinking so wie wir es verstehen, nicht zu seiner Persönlichkeit passt. In diesem Fall ist es besser, unter den vielfältigen Aufgaben, die Wirtschaft und Gesellschaft bieten, sich einen anderen Platz zu suchen.

Optimismus

Mit Optimismus als Teil des Persönlichkeitsprofils eines Design Thinkers ist nicht der naıve und diffuse, in der Hoffnung begründete Glaube gemeint, der sich in Sätzen niederschlägt wie »Alles wird gut«, sondern die Zuversicht, durch eigenes Können, durch das Können des Design-Thinking-Teams und durch die konsequente Anwendung der Design-Thinking-Elemente Probleme so lösen zu können, dass die Ergebnisse auf jeden Fall besser sind als bestehende Alternativen. »Wir schaffen es«, bringt den Optimismus eines Design Thinkers auf den Punkt. Gerade der »frische Blick« der unterschiedlichen Disziplinen erlaubt das Finden genial einfacher Lösungen.

»Mir macht es jetzt noch mehr Spaß, Leute zu beobachten. Dafür nerven mich Sachen, die nicht funktionieren, auch mehr, weil ich immer denke: Das geht doch bestimmt besser!« (NICOLE WINZER, D-SCHOOL-ABSOLVENTIN, STUDENTIN ANGLISTIK, AMERIKANISTIK, MEDIENWISSENSCHAFTEN, BETRIEBSWIRTSCHAFTSLEHRE)

Der Optimismus eines Design Thinkers sollte auch mit einem gewissen Maß an Enthusiasmus gepaart sein. Sich selbst begeistern und andere zu begeistern, gehört beim Design Thinking einfach mit dazu, um Spaß an der Arbeit zu haben, wo er sich nicht erst einstellt, wenn das fertige Resultat vorliegt, sondern bei jedem Schritt spürbar ist, mit dem man sich dem Ergebnis nähert.

Mit Begeisterungsfähigkeit und Optimismus zu besseren Ideen

Optimismus und Enthusiasmus basieren auf einer grundsätzlichen positiven Lebenseinstellung, über die man entweder von Natur aus verfügt oder die man im Laufe eines Design-Thinking-Prozesses erwirbt. Der Optimismus in einem Design-Thinking-Team wirkt ganz einfach deshalb ansteckend, weil die Methode selbst zu spannenden und vielversprechenden Erfolgen führt. Und jeder noch so kleine Erfolg feuert das Belohnungssystem im Gehirn an, noch bessere Leistungen zu erbringen.

> »Mir hat besonders die Stimmung und die Dynamik der Studenten gefallen. Es hat unglaublich viel Spaß gemacht. Ich habe tolle Kontakte gemacht und meine Vorstellung von meiner beruflichen Zukunft ist ordentlich durchgeschüttelt worden.« (CHRISTINE NOWESKI, D-SCHOOL-ABSOLVENTIN, STUDENTIN POLITIKWISSENSCHAFTEN)

Deshalb sind Design Thinker auch meist High-Performance-Worker, die sich nicht am Durchschnitt orientieren und mit den erstbesten Ergebnissen zufriedengeben. Design Thinking ist nicht nur eine Methode, um Innovationen zu finden, sie hilft den Beteiligten auch dabei, bisher unbekannte Begabungen und noch brachliegende Potenziale bei sich selbst zu entdecken.

> »Ich glaube, ich weiß jetzt, was ich mit meinem Leben anfangen muss.« (STEFAN PABST, D-SCHOOL-ABSOLVENT, STUDENT PHILOSOPHIE, PHYSIK, NEUERE GESCHICHTE)

So bietet die Ausbildung zum Design Thinker dem Einzelnen eine bessere Zukunftsorientierung. Durch die Begeisterung und den bewirkten Optimismus wird die Methode auch an die Gesellschaft weitergegeben.

Der Design-Thinking-Studiengang

Was macht die Design-Thinking-Ausbildung an der HPI School of Design Thinking in Europa so einmalig? Der größte Unterschied zu anderen Institutionen, wo auch die Entwicklung von Innovationen gelehrt und die Kreativität trainiert wird, ist die Radikalität, mit der die D-School quer liegt zu allen Disziplinen. Sie setzt die Multidisziplinarität, von der viele reden, radikal in die Tat um.

> *»Europaweit gibt es keine vergleichbare studienbegleitende Ausbildung.«* (PROF. DR. CHRISTOPH MEINEL)

Der einzelne Student steht nicht mehr im Wettbewerb mit seinen Kommilitonen und muss sich nicht mehr durch seine herausragende Einzelleistung beweisen. Alles, was zählt, ist nur noch das, was im Team gemeinsam entsteht. Das Erlernen der Fähigkeit, Gehirne zu vernetzen und dadurch zu besseren Ergebnissen zu kommen, als es einem einzelnen Menschen möglich ist, macht die Einmaligkeit des Design-Thinking-Studiengangs aus. Um zu diesem Ergebnis zu kommen, bedarf es einer hohen Intensität, der Konzentration auf das Wesentliche, Praxisorientierung, Ergebnisorientierung und schneller Fortschritte.

Ganz wesentlich für die Qualität der Design-Thinking-Ausbildung in Potsdam ist auch die Auswahl der Lehrer. Ebenso wie die Studenten kommen auch sie aus den unterschiedlichsten Fachbereichen und bieten aufgrund des breiten Altersspektrums sehr unterschiedliche Lebenserfahrungen und Hintergründe.

Aufgrund ihrer Erfahrungen in der Hochschulpädagogik bringen sie meist schon Vorstellungen darüber mit, wie man Studien besser machen kann, die dann in der Regel auch an der HPI School of Design Thinking eingelöst werden.

Das Teacher-Team wird dabei für jeden Jahrgang neu zusammengestellt und immer wieder um neue Persönlichkeiten erweitert, sodass sich stets interessante Konstellationen ergeben und neue Ideen für innovative Projekte entstehen. Dadurch, dass die Studierenden in Gruppen von drei bis fünf Personen innerhalb der Projekte zusammenarbeiten und dabei jeweils von einem Professor und einem Lehrassistenten betreut werden, wobei diese sich durchaus mit anderen Teaching-Teams abwechseln, erreicht man an der HPI School of Design Thinking eine Lehrqualität, die es woanders nicht gibt.

> »Ich werde immer nach dem Lehrplan gefragt. Den gibt es aber gar nicht. Wir orientieren uns zwar an unserem Vorbild, der d.school in Stanford, wollen aber eigene Erfahrungen einbringen. Es gibt kein Curriculum im herkömmlichen Sinne. Das ist genau die Stärke des Ansatzes: Wir können mit unseren Themen aktuelle Trends und Fragestellungen aufgreifen.« (Prof. Ulrich Weinberg)

Der Design-Thinking-Studiengang startet jeweils im Oktober mit dem sogenannten D-Camp. Hier wird die notwendige Theorie vermittelt, und es werden die ersten Übungen gemacht, um herauszufinden, wer endgültig am Studiengang teilnehmen darf. Die berühmte Nudelsuppen-Innovation gehört ebenso zum D-Camp wie die Herausforderung, in fünfzehn Minuten fünfzig Ideen zu entwickeln oder die Ergebnisse eines Design-Thinking-Prozesses in einem Rollenspiel darzustellen. Natürlich merkten die Studenten sofort, dass hinter der Aufforderung »Denken Sie Nudelsuppe neu!« viele Fragestellungen verborgen sind und keineswegs damit getan ist, ein paar neue Zutaten zu definieren, sondern dass sie sich mit komplexen Problemlösungen auseinandersetzen müssen.

Themensonne 2008

Bei der Nudelsuppe geht es um Essen, und das hat für jeden Menschen sowohl funktionale als auch emotionale Komponenten. Essen ist Gesundheit, Kultur sowie Erinnerung an die Kindheit und daher immer mit Emotionen beladen. Es muss sich aber auch in den Tagesablauf einfügen. Essen reicht von der spontanen Zwischenmahlzeit bis zum festlichen Diner. Essen unterscheidet sich auch grundlegend dadurch, ob es frisch zubereitet wird oder aus einer Instant-Verpackung kommt.

Noodle-Booster, Noodle-Rocket und andere Prototypen

All diese Aspekte muss man verstehen, durch Beobachten verifizieren, um dann eine Persona zu definieren, für die man eine ganz bestimmte Lösung sucht. Sind die Ideen erst da, muss man Prototypen entwickeln und sie testen. Manche Ideen wie ein mobiler Nudelkocher für Fahrradfahrer fallen durch, andere wie ein Noodle-Booster, der einhändig bedient werden kann, kommen gut an und auch Nudelsuppen-Verkaufsautomaten scheinen für bestimmte Zielgruppen Vorteile zu bieten.

Die Studenten lernen im Nudelsuppen-Projekt, dass sich durch die konsequente Anwendung des Design Thinking auch im Zusammenhang mit simplen Aufgaben faszinierende Lösungen entwickeln lassen, die die ursprünglichen Erwartungen aller Beteiligten deutlich übertreffen. Denn bis dahin unbekannte Innovationspotenziale, die in ihnen schlummern, werden durch Design Thinking wachgerufen und freigesetzt.

Das eigentliche Wintersemester beginnt jeweils Ende Oktober mit einem ersten »Drei-Wochen-Projekt«. Im ersten Jahrgang standen folgende große Oberthemen, sogenannte »Umbrella-Topics«, für die Studenten zur Auswahl: »Media Reconsidered«, »Innovation for the Base of the Economic Pyramid« und »Bridging Generations«. Was den Studenten besonders nachhaltig in Erinnerung blieb, waren die Themenbereiche Warten im Krankenhaus, das Aufzeichnen der eigenen Lebensgeschichte und die Entwicklung eines Stadtführers für Extremtouristen.

Im ersten Jahrgang kam zusätzlich ein Workshop mit einer deutschamerikanischen Gruppe aus dem SAP Design Services Team (DST) hinzu. Für die Bearbeitung des Themas Arbeitslosigkeit standen vier Tage zur Verfügung. Jeder einzelne Tag war vollgepackt mit Aktivitäten, die von den morgendlichen Aufwärmübungen bis zur abendlichen Pizza-Session reichten. Dies ist die »Happy Hour«, eines der vielen D-School-Rituale, die wir von Stanford übernommen haben. Sie spielt eine wichtige Rolle bei der Zusammenführung der Teams und als »Belohnung« nach Präsentationen.

Unter anderem ging es morgens bei einer Aufwärmübung darum, einer anderen Person auf der Basis ihrer Erzählung ein Frühstück zuzubereiten. Das war eine Herausforderung für beide Seiten, denn derjenige, der mit seiner Erzählung die Vorgaben machte, musste das Frühstück dann auch wirklich essen. Die Studenten lernten, ihre Beobachtungen präzise zu dokumentieren, um die Ergebnisse an andere, neu zusammengesetzte Teams weitergeben zu können, die dann für die nächsten Schritte verantwortlich waren.

Themen der Sechs-Wochen-Projekte

- Knowledge Worker – Sitting right (Wissensarbeiter und gesundes Sitzen).
- Supermarket Experience (Supermarkt-Erfahrung).
- Monility with Family (Mobilität mit Familie).
- Mediacity Babelsberg (Medienstadt Babelsberg).
- Science Health Center (Medizinischer Themenplatz).
- Fruits and Vegetables (Obst und Gemüse).
- Immigrants: Integration, Education, Jobs (Immigranten: Integration, Ausbildung, Arbeit).
- Sex Education for young Migrants (Sexualaufklärung bei Migrantenkindern).

Anschließend begannen die Sechs-Wochen-Projekte. Die Studenten lernten, dass längere Projekte durchaus einer »Psycho-Achterbahn« gleichen können. Von »early enthusiasm« bis »informed pessimism« haben sie sämtliche Stimmungslagen erlebt. Diesmal wurden die Ergebnisse der Projekte den Medien und der Öffentlichkeit präsentiert.

Bei der öffentlichen Vorstellung der Ergebnisse der Sechs-Wochen Projekte im Februar 2008 fanden diese beim Publikum und den Medien eine positive Resonanz. Große Aufmerksamkeit konnte sich das Team sichern, das sich dem Thema »Mobilität mit Familie« gewidmet hatte. Ihr Ergebnis war der Prototyp eines sogenannten »Family-Chairs«. Kinder, deren Eltern zur Arbeit pendeln müssen und deshalb häufig abwesend sind, bekommen mit dem »Family-Chair« einen vertrauten Ort der Kommunikation. Man kann sich hineinkuscheln, einfach mit der Person kommunizieren oder Nachrichten hinterlassen. Auf diese Weise wird die Bindung gestärkt und ein Bezugspunkt geschaffen, der sich in den Alltag der Kinder integriert. In dem Sessel ist ein Mikrofon und Lautsprecher im Polster verborgen, auch ein Bildschirm ist eingebaut worden. So können Kinder in dem bequemen Sessel mit ihren an entfernten Orten wohnenden Eltern plaudern.

Präsentation der Projektergebnisse in Potsdam

Eine andere Idee, die gut ankam, war die eines »Hands-on-Museum«, in dem Emotionen plastisch dargestellt werden. Das Gefühl des Verliebtseins soll mit speziellen Brillen sichtbar gemacht werden. So zeigt eine rosarote Brille Schmetterlinge, eine schwarze hingegen den wissenschaftlich nüchternen Blick auf hormonale Vorgänge im Körper. Um zu fühlen, wie es ist, wenn man beim Verliebtsein weiche Knie bekommt, war ein weicher Untergrund während des Gefühlrundgangs geplant, der die Besucher ins Schwanken bringt.

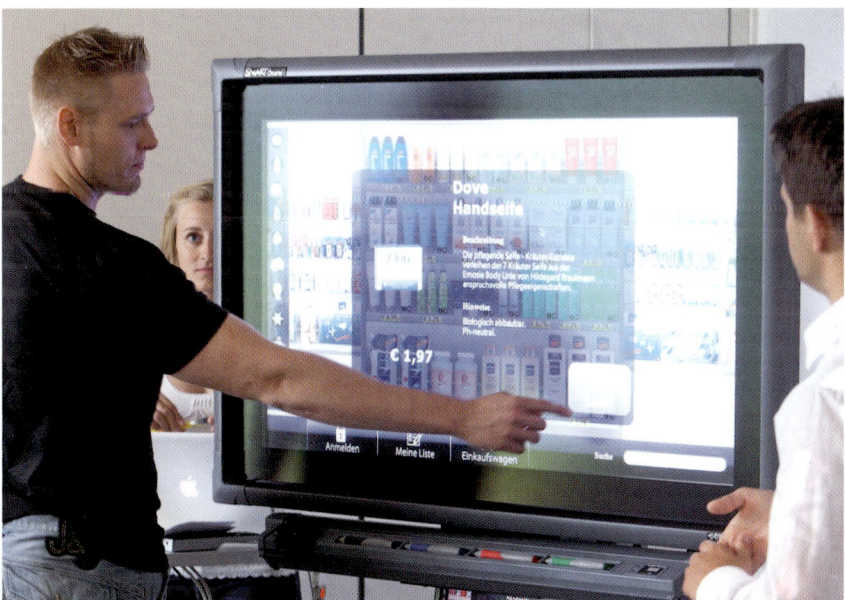

Präsentation der Projektergebnisse

Auch das Thema sexuelle Aufklärung für junge Migranten fand auf spektakuläre Weise Eingang in die Branche. Provokative Plakate und die Idee zu einer Internetseite www.wissen-ist-sexy.com sorgten für Beachtung.

Und das galt auch für die übrigen Projekte. Bei einem ging es zum Beispiel um eine gesündere Ernährung in den unteren Geselleschaftsschichten. Dabei lautete der Vorschlag, in Supermärkten bereits zugeschnittenes Obst und Gemüse zusammen mit Rezepten zum Verkauf anzubieten. Ein anderes Projekt erarbeitetete ein heute durch den Partner bereits teilweise umgesetztes Konzept zur Verbesserung der internen und externen Kommunikation der Media City Babelsberg.

Einer der Höhepunkte des ersten Studiengangs war sicher der fünfzigstündige Workshop zu Design Thinking mit Hasso Plattner und Terry Winograd. Anfang März 2008 waren die Studenten der D-School auf dem Stand des Hasso-Plattner-Instituts auf der CeBIT vertreten. Dabei ging es darum, anhand von Miniprojekten den Besuchern die Design-Thinking-Methode und die HPI School of Design Thinking vorzustellen.

Technikfrust-Hilfe auf der CeBIT

In T-Shirts mit der Aufschrift »Technikfrust-Hilfe« waren die Design-Thinking-Studenten täglich über die Messe gestreift, um auf die Fährte der bedeutendsten Technik-Tücken zu kommen. Sie hielten Hunderte von Negativerlebnissen und Verbesserungsvorschlägen der Besucher auf Notizzetteln fest. Im »Future Parc« in Halle 9 verarbeiteten sie die jeweils am Vormittag eingesammelten Anregungen gleich mittags zu Innovationsideen und machten diese gegen Ende der Ausstellungstage in ersten Prototypen anschaulich.

Am Eröffnungstag wurde beispielsweise eine Demo-Version eines »Streichelweckers« präsentiert als möglicher Ausweg aus dem Technikfrust durch schrilles morgendliches Aufwecken. Das in den Pyjama eingewebte Gerät soll den Schlafenden sanft berühren – so wie einen früher die Mama geweckt hat. Diese Idee hatte sich in der Diskussion mit den CeBIT-Besuchern gegen den Prototyp eines Weckers durchgesetzt, der zur richtigen Zeit im Schafzimmer leckeren Duft von Kaffee oder einem Marmeladentoast verbreitet.

Viele CeBIT-Besucher trugen zwei oder drei Handys bei sich, um nicht immer für alle Anrufer erreichbar zu sein oder um das berufliche und private Angerufenwerden zu trennen. Sie klagten allerdings über Synchronisierungsprobleme und Koordinationsschwierigkeiten. Der zusammen mit den CeBIT-Besuchern nach den Regeln des Design Thinking gefundene Lösungsansatz war die sogenannte »Clock-and-Roll-Uhr«, die man als Ergänzung zum Handy am Arm trägt. Diese kommuniziert drahtlos mit dem Handy und zeigt auf ihrem digitalen Armband-Display mit Symbolen die kontinuierliche Abfolge der Termine des Tages an – am laufenden Band. Für jedes Terminsymbol soll der Nutzer einen Erreichbarkeitsstatus festlegen können.

Im Mai gab es noch einmal eine Extra-Veranstaltung auf dem Internationalen Design Festival in Berlin. Die Design-Challenge lautete: »Tell us your urban frust – we turn it into city lust.« In nur zwei Tagen wurden Lösungen für die urbane Parkplatzsuche, zur Zähmung urbaner Radfahrer und zur Versöhnung zwischen Familien und Singles im Prenzlauer Berg erarbeitet.

Themen der Zwölf-Wochen-Projekte

- Autonomy for mentally disabled (Selbstständigkeit von geistig Behinderten).
- Personal Supply Chains (Die letzte Meile beim privaten Einkauf).
- Turning Social Empathy into Action (Von Mitgefühl zu persönlichem Engagement).
- People Trusting People (Menschen vertrauen Menschen).
- Sustainable Energy Usage (Energieeinsparung im privaten Haushalt).
- Sustainable Event for Sustainable Action (Konferenz für nachhaltiges Handeln).
- Alternative Usage Models for Fairgrounds (Alternative Nutzungs-Modelle für Messegelände).
- Social Finding Strategies (Suchen und Finden mit sozialem Kontext).
- TV-Series Authoring (Optimiertes Schreiben von Fernsehserien).

Von April bis Juli starteten anschließend die Zwölf-Wochen-Projekte, die am 11. Juli wieder der Öffentlichkeit vorgestellt wurden. Diese Projekte unterschieden sich nicht nur in Umfang und Dauer von den Sechs-Wochen-Projekten, sondern auch dadurch, dass sie gemeinsam mit externen Projektpartnern durchgeführt wurden.

Die Arbeit mit den externen Partnern zeigte, wie wichtig es war, den Design-Thinking-Prozess immer wieder zu erklären und die Ergebnisse der einzelnen Schritte zu begründen. Besonders die Ansprüche an die Prototypen stiegen, ebenso wie die Tiefe und die Anzahl der Iterationen.

Die Ergebnisse der Zwölf-Wochen-Projekte zeigten der Öffentlichkeit, dass das, was 2007 noch als Experiment mit offenem Ausgang begonnen worden war, zu qualitativen Ergebnissen geführt hatte, die nur mit Design Thinking ausgezeichnet zu erreichen sind.

Feedback auf die vorgestellten Prototypen

2

Design Thinking

2.1 Die Kernelemente von Design Thinking

Design Thinking ist eine systematische Innovationsmethode, die in allen Lebensbereichen angewendet werden kann. Design Thinking ist kein Algorithmus, also eine genau definierte Handlungsvorschrift zur Lösung eines Problems, wie zum Beispiel die Bedienungsanleitung eines DVD-Rekorders, sondern eine Heuristik, die ganz bestimmte Verfahrensschritte vorgibt, die sich in der Praxis in einer bestimmten Abfolge als zweckmäßig erwiesen haben und die unter ganz bestimmten Bedingungen, nämlich in einem multidisziplinären Team, ihr vollständiges Erfolgsspektrum entfalten können.

> »Ich finde es interessant, wie man hier zu Ergebnissen kommt. Der Entwicklungsprozess hat mich bereichert und ich wende ihn jetzt auch in meinem eigentlichen Studium an.« (NADJA FLEISCHER, D-SCHOOL-ABSOLVENTIN, STUDENTIN SOZIALWISSENSCHAFTEN)

Während der kreative Prozess weitgehend unbewusst erfolgt und wie Spontaneität nicht zu erzwingen ist, sondern eine Reifungsphase darstellt, die letztlich in einem Ergebnis in Form einer Einsicht, einer Idee oder einer Lösung mündet, führt der Design-Thinking-Prozess nahezu zwingend zu brauchbaren Ergebnissen in den unterschiedlichen Einzelschritten, die einen Fortgang des Prozesses ermöglichen.

Im Rahmen des Design-Thinking-Prozesses werden auch die unterschiedlichsten Methoden der Ideenfindung angewandt, speziell das Brainstorming. Nur geht der Design-Thinking-Prozess auch dann noch weiter, wenn eine Reihe von Ideen vorliegt. Bei der Ideenfindung greift man zum Beispiel meist nur temporär auf eine Gruppe von Menschen zurück, die am Ende des Ideenfindungsprozesses wieder auseinandergeht. Beim Design Thinking arbeitet das Team schon vor der eigentlichen Ideenfindung zusammen und bleibt im Projekt, bis das endgültige Ergebnis vorliegt.

Multidisziplinäre Teams

»Unsere Art von radikaler Multidisziplinarität gibt es sonst nirgends – Es gibt keinen Studiengang in Europa, der so offen ist für Theologen, Physiker, Mathematiker und Künstler.« (Prof. Dr. Christoph Meinel)

Um die Design-Thinking-Methode erfolgreich zu machen, bedarf es zwingend multidisziplinärer Teams. Es mag durchaus sein, dass der eine oder andere Leser aufgrund eigener Erfahrungen eine Abneigung gegen solche heterogene Teams hat. Da haben vielleicht Mediziner, Ingenieure und Juristen zusammengesessen, um ein bestimmtes Problem innerhalb eines Vormittags gemeinsam zu lösen. Die stärkste Erinnerung daran könnte eine babylonische Sprachverwirrung sein. Keiner verstand den anderen, und niemand wusste genau, wovon der andere eigentlich redete.

Die Konsequenz aus solchen Erfahrungen lautet häufig, nie wieder gemischte Teams. Am besten bleiben Ingenieure, Mediziner und Juristen unter sich, dann wissen sie wenigstens genau, wovon sie sprechen, und die Ergebnisse der Überlegungen werden dann zwischen den Disziplinen schriftlich ausgetauscht.

Vielleicht gab es aber auch die Erfahrung, dass man überhaupt nicht von der Stelle gekommen ist. In einem homogenen Team weiß man sehr

schnell, wer der Chef ist und in welche Richtung die ganze Angelegen-
heit laufen soll. Selbst gemischte Teams aus Männern und Frauen sind
manchen Teilnehmern schon ein Gräuel, weil die Kommunikationsstile
oft zu unterschiedlich sind. Man kommt nicht auf den Punkt. Während
die einen glauben, man hätte schon das gewünschte Ergebnis, sind die
anderen vielleicht noch bei den grundsätzlichen Vorüberlegungen.

Kommunikation im Team ist wichtig

Die Frage, die sich die Verfechter homogener Teams allerdings gefallen
lassen müssen, ist die nach der Qualität der Resultate. Meist liegen diese
nämlich nur im Bereich des Üblichen und zeichnen sich gegenüber anderen Lösungen weder durch eine herausragende Qualität noch durch eine
bessere Praktikabilität oder andere Vorteile aus.

»*Die D-School brachte bessere Kommunikation und Innovation in mein Leben. Es hat Spaß gemacht, sich mit verschiedenen Leuten, die auf unterschiedlichen Ebenen kommunizieren, zu treffen und gemeinsam tolle Lösungen zu finden.*« (Sven Dittgen, D-School-Absolvent, Student Film- und TV-Design)

Spezialisten stoßen an Grenzen

Wie wenig originell oder auch speziell die Ideen von homogenen Teams sind, erkennt man am besten, wenn man durch die Einkaufszentren der Großstädte streift. Weder sind die Zentren und ihre Geschäfte voneinander zu unterscheiden, noch kann man anhand der dort ausgestellten Waren feststellen, in welcher Stadt man sich überhaupt befindet.

Der Grund für diese Gleichförmigkeit von Einkaufszentren und auch von den Einkaufsstraßen in den Städten liegt darin, dass sie von Center-Marketingspezialisten entworfen, betreut und geführt werden, die genau wissen, was die Kunden wünschen. Dabei geht es ihnen genauso wie anderen Spezialisten auch, die für ihr Expertentum honoriert werden.

»*In einer heterogenen Gruppe kommt man zu spontanen, überraschend anderen Einsichten. Man hat mehr Potenzial. Es werden mehrere Aspekte einer Lösung betrachtet.*« (Prof. Hasso Plattner)

Spezialisten brauchen keinen Design-Thinking-Prozess, weil sie die fertige Lösung schon kennen und die notwendigen Pläne zur Realisierung bereits in der Schublade liegen haben. Wäre das nicht so, wären sie ja keine Experten. Genau dadurch unterscheiden sie sich von den Design Thinkern.

Offensichtlich haben aber inzwischen viele Unternehmen und öffentliche Einrichtungen den Eindruck, dass sie mit ihren Spezialisten an Grenzen gestoßen sind, die diese Fachleute allein nicht mehr überwinden können. Nicht umsonst gibt es weltweit eine so große Nachfrage nach Beratungsdienstleistungen, die auf Design Thinking beruhen.

Auch die Lernstile spielen eine Rolle

Eines dürfte aus diesen vorangegangenen Überlegungen deutlich geworden sein: Man kann etwas besser machen, und man muss es auch. Multidisziplinäre Teams sind produktiver, nicht nur weil das Spektrum des dort versammelten Fachwissens breiter gefächert ist, sondern auch weil die verschiedenen Menschen mit ihren unterschiedlichen Lernstilen in den verschiedenen Phasen des Design-Thinking-Prozesses auch unterschiedlichen Input geben können, der den gesamten Prozess am Laufen hält.

»Die D-School hat die Art verändert, mit der ich mein tägliches Leben angehe – sowohl im beruflichen als auch im privaten Bereich. Unglaublich, wie viel man in so kurzer Zeit lernen kann und das auch noch mit Spaß!« (GESA KREY, D-SCHOOL-ABSOLVENTIN, STUDENTIN BIOCHEMIE)

Es kommt nun darauf an, in jedem multidisziplinären Team nicht nur Fachleute unterschiedlicher Disziplinen zu haben, sondern auch Menschen mit unterschiedlichen Lernstilen, die dann in der Lage sind, in der jeweiligen Prozessphase die Führung zu übernehmen oder zumindest den Fortschritt zu befördern.

Offener Raum

Innovationen entstehen nicht in einem Vakuum. Für den Menschen als soziales Wesen ist es ganz wichtig, wie er den Kontakt zu anderen gestalten kann, und als fühlendes Wesen ist es für ihn ebenso wichtig, in welcher Umgebung er sich befindet.

Also haben wir in der HPI School of Design Thinking in Potsdam nach dem Vorbild Stanfords eine Umgebung geschaffen, die, wie sich in der vergangenen Zeit bestätigt hat, Innovationen fördert. Ein großer, variabel zu nutzender, heller, offener Raum, der sich durch mobile Wände unterteilen lässt, die gleichzeitig als Pinnwände und Schreibtafeln dienen können. Ebenso mobile Stehtische mit zwei Arbeitsflächen, die den verschiedenen Teams Platz zum Arbeiten bieten und deren zentraler Treffpunkt sind.

Natürlich nicht vergessen werden dürfen die roten Ledersofas, die sich mit ihren Rollen ebenfalls den jeweiligen Wünschen oder Bedürfnissen entsprechend gruppieren lassen. Hierbei handelt es sich bereits um die nächste Generation von D-School-Möbeln, denn auch sie unterliegen dem Iterationsprozess, welcher der D-School zueigen ist. Inzwischen ist die »D-School-Line« als Möbelmarke dabei, sich am Markt zu etablieren. Mobilität und Einfachheit stehen dabei im Vordergrund.

Das D-School-Raumkonzept ist Vorbild für die Wirtschaft: Wir kennen keine bessere Kreativ-Umgebung, und nicht ohne Grund sind so viele Unternehmen am Kauf der Möbel interessiert. (PROF. ULRICH WEINBERG)

Offener Raum: Gestaltungsraum durch mobile Möbel

Offener Raum: Gemeinschaft und Individualität

Der Begriff »Variable Space« steht aber nicht nur für ein Raumkonzept, sondern ist ein Synonym für eine Innovationskultur, die mehr als nur die vier Wände umfasst. Dass jeder die Möglichkeit hat, nach seinen Vorstellungen zu arbeiten, gehört ebenso zu dieser Kultur wie Ordnung und (kreatives) Chaos.

Wichtig ist es, im jeweiligen Raumkonzept Nähe, Gemeinschaft und Individualität in Einklang zu bringen. Teams sollen auch als Team arbeiten und sich nicht nur gelegentlich in abgelegenen Sitzungszimmern treffen. Teams brauchen auch kurze Wege zu anderen Teams, denn Design Thinking bedeutet nicht, den Blick nach innen zu richten, sondern nach außen. Die Teammitglieder sollen auch ihre Individualität nicht an der Eingangstür abgeben, sondern ihre Interessen und Neigungen ganz bewusst mit einbringen.

Das Raumkonzept der HPI School of Design Thinking ist extrem teamorientiert, für Einzelne gibt es hier keinen Platz. IDEO nennt dies: »We-Space« im Gegensatz zum »I-Space«. Je nach Arbeitssituation muss es aber auch möglich sein, sich zurückzuziehen. Ein Mix aus Öffentlichkeit und Privatsphäre ist somit auch ein Teil des Konzepts. Nur wenn man sich an seinem Arbeitsplatz wohlfühlt, wird man auch entsprechend positive Gedanken haben können.

»Spannende Leute, genialer Prozess, großartige Arbeitsbedingungen, methodisches Coaching, tatsächliche interdisziplinäre Teamarbeit! Und was das Beste ist, ab und an darf man auch mal den Freak raushängen lassen und findet tatsächlich Gleichgesinnte!« (Bettina Michl, D-School-Absolventin, Studentin Betriebswirtschaftslehre und Politikwissenschaften)

2.2 Der Design-Thinking-Prozess

Der Design-Thinking-Prozess gliedert sich in eine Abfolge von mehreren aufeinander abgestimmten Arbeitsschritten oder auch Prozessen, an deren Ende ein funktionierendes Ergebnis steht, das eine brauchbare und manchmal auch überraschende Lösung von hoher Qualität für das anfangs formulierte Problem darstellt.

In der Literatur wird der Design-Thinking-Prozess manchmal nur in drei Schritte zerlegt: Beobachten, Brainstorming und Prototyping, wie man es zum Beispiel bei Tom Kelley findet, oder auch in sieben Schritte, wie beispielsweise bei Herbert Simon. Dabei gibt es kaum prinzipielle Unterschiede, sondern nur unterschiedliche Beschreibungen und Gewichtungen hinsichtlich des Gesamtprozesses.

Die sechs Schritte des Design-Thinking-Prozesses

- Verstehen (»understand«).
- Beobachten (»observe«).
- Standpunkt definieren (»define point of view«).
- Ideen finden (»ideate«).
- Prototypen entwickeln (»prototype«).
- Testen (»test«).

Wir haben uns auf der Basis umfassender praktischer Erfahrungen für sechs Schritte entschieden: Verstehen, Beobachten, Standpunkt definieren, Ideen finden, Prototypen entwickeln und Testen. Dass die Mitglieder der Design-Thinking-Teams diese Schritte in ihrer Bedeutung unterschiedlich gewichten, mag einerseits an den zu lösenden Aufgaben liegen, andererseits an den unterschiedlichen Lernstilen der einzelnen Teilnehmer.

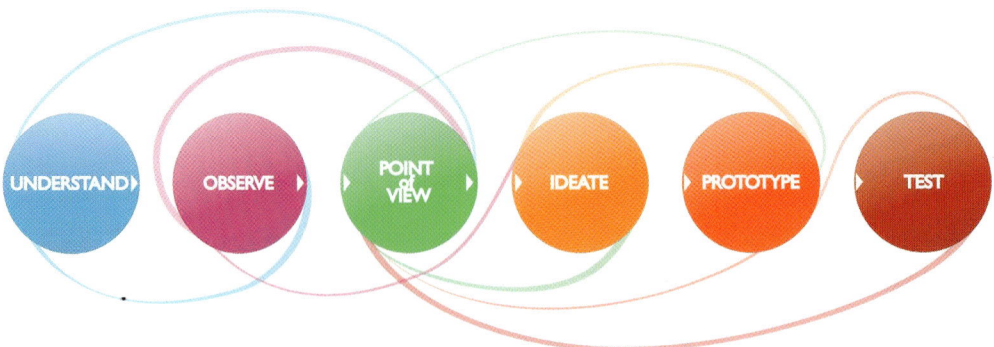

Iterativer Design-Thinking-Prozess

Diese verschiedenen Schritte sind iterativ miteinander verbunden, wobei der Schritt »Standpunkte definieren« eine Art Scharnierfunktion hat. Vom Verstehen des Problems führt der Weg zum Beobachten der betroffenen Nutzer. Diese Beobachtungen können allerdings zu der Frage führen, ob das Problem selbst zuvor richtig verstanden und formuliert worden ist. Insofern kann es hier die erste Rückkoppelung geben.

Ist dies nicht der Fall, geht es weiter mit dem Schritt »Standpunkt definieren«. Auch hier kann sich herausstellen, dass die Beobachtungen vielleicht noch nicht genügend Aufschluss über die tatsächlichen Notwendigkeiten geliefert haben oder aber auch, dass es das Problem in seiner grundsätzlichen Natur anders darstellt, als bis dahin angenommen. So kann es von hier aus auch Rückkoppelungen zu den beiden davor vollzogenen Schritten und zu Wiederholungen derselben geben.

Hat man jedoch auf befriedigende Weise die eigenen Standpunkte definiert, geht es weiter mit der Ideenfindung. Gibt es zu viele, zu wenige oder zu unbefriedigende Ideen, muss man vielleicht ebenfalls noch einmal einen Schritt zurückgehen. Das Gleiche gilt für den nächsten Schritt, wenn man darangeht, Prototypen zu entwickeln.

Auch hier kann sich wieder die Erkenntnis einstellen, dass man entweder die bestehenden Ideen überarbeiten muss, dass der Standpunkt so, wie er sich dargestellt hat, nicht stimmig ist, oder aber sogar, dass erneute Beobachtungen bei den Nutzern notwendig sind. Erst wenn der Prototyp ein befriedigendes Stadium erreicht hat, beginnt man mit der Testphase.

Die Ergebnisse der Testphase fließen dann allerdings nicht direkt in eine Veränderung des Prototyps ein, da dieser ja auf der Grundlage der Ideen aufgebaut wurde, die wiederum auf dem definierten Standpunkt basierten, sodass die Testergebnisse direkt mit dem Schritt drei, »Standpunkte definieren«, abgeglichen werden. Wenn die Tests erfolgreich waren, ist der Design-Thinking-Prozess abgeschlossen und man beginnt sich mit Fragen der technischen, sozialen und wirtschaftlichen Realisierbarkeit zu befassen. Ist diese Realisierbarkeit nicht gegeben, beginnt man erneut mit der Definition der Standpunkte.

Verstehen: Das Problem und sein Umfeld erfassen und verstehen

Dieser erste Schritt, in dem die Aufgabenstellung beschrieben und das Problem definiert wird, gilt manchem schon als der wichtigste, weil grundlegendste Schritt im gesamten Design-Thinking-Prozess. Fehler, die hier gemacht werden, wirken sich auf den gesamten Prozess aus und können so zu Zeitverzögerungen und unnötiger Mehrarbeit führen. Deshalb ist es wichtig, die sogenannte »Design Challenge« exakt zu beschreiben.

Verstehen: der erste Schritt im Design-Thinking-Prozess

Häufig sind die Aufgaben zu breit und zu allgemein angelegt, dann müssen sie gemeinsam mit dem Auftraggeber spezifiziert werden, wobei die Nutzerorientierung im Vordergrund steht. Genauso gut kann die Aufgabe aber auch zu spezifisch sein, wodurch dann die Lösung praktisch schon vorgegeben wird.

Die Formulierung der Design-Challenge ist also schon ein komplizierter intellektueller Prozess, der als Nächstes in die Frage nach der Zielgruppe mündet. Die Antwort darauf bereitet nämlich den nächsten Schritt, das Beobachten, vor. Wenn man sich unsicher ist, wen man beobachten muss, oder den falschen beobachtet und sich auch nicht sicher ist, wobei man die Zielgruppe beobachten soll, wird man falsche oder überflüssige Daten erheben, die den weiteren Prozess negativ beeinflussen.

Als Nächstes kommt es darauf an, Maßstäbe zu finden, an denen man den Erfolg des Prozesses messen will. Sind auch diese Maßstäbe festgelegt, sollte man sich noch Gedanken darüber machen, wo man die Prioritäten sowohl in inhaltlicher als auch in zeitlicher Hinsicht setzen will.

Je nach Aufgabenstellung kann es jetzt noch sinnvoll sein, sich in einem multidisziplinären Team auf bestimmte Sprachregelungen und Begriffe zu einigen, damit alle das Gleiche meinen, wenn sie dasselbe sagen.

Wir sehen also, die Phase »Verstehen« – im Englischen wird dafür auch der Begriff »understand« verwandt – ist ein überwiegend intellektuell bestimmter Schritt. Das wird sich in der nächsten Phase »Beobachten« radikal ändern.

Beobachten: Betroffene Nutzer beobachten

Bei der Beobachtungsphase – im Englischen beschrieben als »observe« oder »research« – geht es darum, das multidisziplinäre Design-Thinking-Team möglichst schnell zu Experten für die jeweilige Aufgabe werden zu lassen. Natürlich ist es dazu notwendig, sich zunächst mit den bereits vorhandenen Lösungen vertraut zu machen und zu hinterfragen, warum diese so sind, wie sie sind, beziehungsweise weshalb bisher keine ad-äquaten Problemlösungen angeboten wurden.

Weiter kommt es darauf an, die Beteiligten und Betroffenen zu definieren, den Blick in alle Richtungen zu lenken (360-Grad-Sicht) und den Schwerpunkt auf die qualitative statt auf die quantitative Forschung zu legen. Im Prinzip muss man sich sowohl wie ein Detektiv als auch wie ein Journalist verhalten.

Das ist aber nur der Einstieg. Die eigentliche Arbeit des Beobachtens beginnt erst im direkten Kontakt mit dem zukünftigen Anwender, Nutzer oder Kunden für die beabsichtigte Lösung.

> *»Am Schreibtisch kann man nicht herausfinden, wie der Orang Utan denkt.«* (PROF. HASSO PLATTNER)

Hier kann man nun das gesamte Instrumentarium der Ethnografie und der Marktforschung zum Einsatz bringen, dennoch stehen das persönliche Gespräch und die Beobachtung im Mittelpunkt. Natürlich wird man die Zielgruppe und die mit dem Problem befassten Personen hinsichtlich ihrer Bedürfnisse, Wünsche, Erwartungen und Verhaltensweisen befragen. Solche Interviews sollten nach Möglichkeit immer von zwei Personen gemacht werden, eine, die die Fragen stellt und die Antworten festhält, und eine, die den Befragten beobachtet. Häufig gibt es nämlich zwischen dem Gesagten und den durch Ausdrucksbewegungen kommunizierten Inhalten einen Unterschied.

Neue Perspektiven finden

Viele Menschen, die befragt werden, bemühen sich auch, entweder stets höfliche Antworten zu geben oder herauszufinden, welche wohl die richtigen sind, die der Fragende erwartet. Oft wissen sie auch gar keine Antworten oder können sie nicht formulieren. Natürlich möchte auch niemand als Trottel dastehen, indem er zum Beispiel zugibt, einen DVD-Rekorder nicht bedienen zu können. Dann gibt derjenige bewusst oder vielleicht auch nur unbewusst die falschen Antworten, die ihn selbst in einem guten Licht erscheinen lassen.

Doch es reicht nicht nur, Fragen zu stellen und den Befragten beim Antworten zu beobachten. Man sollte auch den Gebrauch von Produkten, Abläufe und Verhaltensweisen intensiv unter die Lupe nehmen. Dazu gehört es auch, sich selbst in die Rolle des Anwenders zu begeben.

Dies alles muss für die nächste Phase dokumentiert werden. Nicht nur schriftlich, sondern am besten auch durch viele aussagekräftige Fotografien, Videos oder Sprachaufnahmen. Häufig enthalten die Bilder dann ganz andere Botschaften als die, die in den Gesprächen zutage gefördert wurden.

Standpunkte definieren: Problemwelt erfassen

Beim sogenannten »define point of view« kommt es darauf an, die gesammelten Erkenntnisse auszuwerten, zu interpretieren und zu gewichten. Während beim Beobachten die Mitglieder des Design-Thinking-Teams in kleineren Gruppen und eventuell sogar allein gearbeitet haben, kommt es jetzt wieder zwingend darauf an, dass das gesamte Team zusammentrifft und die Erfahrungen austauscht. Ziel ist es, eine gemeinsame Wissensbasis herzustellen, um zunächst entscheiden zu können, ob noch weitere Informationen notwendig sind, um den Design-Thinking-Prozess voranzutreiben, oder nicht.

Eine häufig verwendete Methode, um den Standpunkt gemeinsam definieren zu können, ist der Entwurf einer idealtypischen, fiktiven Person, die sogenannte »Persona«, für die die Innovation entwickelt werden soll. Dabei kommt es darauf an, diese Person möglichst ganzheitlich zu erfassen und nicht nur bestimmte, auf das Problem bezogene Einzelheiten.

In diesem Zusammenhang kommen nicht nur die geführten Interviews zum Einsatz, sondern man wird auch versuchen, durch Story-Telling und vielleicht auch durch Rollenspiele den richtigen Blickwinkel auf das Problem zu finden. In dieser Phase ist es wichtig, die Spreu vom Weizen zu trennen, also relevante Fakten von nicht relevanten zu unterscheiden. Je präziser der Point of View definiert ist und je vertrauter alle Teammitglieder mit dem Problem sind, desto leichter fällt es, im nächsten Schritt Ideen zu finden.

Ideen finden: Lösungen entwickeln, sammeln und bewerten

Bei der Ideenfindung – dem »ideation process« – kommt es darauf an, in relativ kurzer Zeit eine Vielzahl von Ideen zu produzieren. Üblicherweise wird hierzu die Brainstorming-Methode verwendet. Wichtig ist es zunächst einmal, möglichst viele Ideen zu entwickeln, die eine Lösung beinhalten oder beschreiben können.

Diese Ideen sollen dokumentiert, aber während der eigentlichen Findungsphase noch nicht bewertet und debattiert werden. Dies geschieht erst im zweiten Teil der Ideenfindung, in dem dann üblicherweise durch Mehrheitsbeschluss die besten ausgewählt und eventuell modifiziert und verfeinert werden.

In der Unternehmenspraxis ist die Ideenfindung eine besonders schwierige Phase. Das liegt daran, weil die vorhergehenden Schritte oft nicht mit der notwendigen Ernsthaftigkeit und Tiefe angegangen worden sind, weil die entsprechenden Erfahrungen mit dem Brainstorming fehlen und die notwendige Offenheit durch Hierarchien und Expertentum abgewürgt wird. Wenn es gelingt, diese Klippen sicher zu umschiffen, verfügt man nun über Ideen, die als Prototypen entwickelt werden können, indem man sie kombiniert, ausbaut oder verfeinert.

Ideen finden – und verwerfen

Prototypen entwickeln: Für den Verwender nachvollziehbare Lösungen schaffen

Prototypen entwickeln

Die Entwicklung und Herstellung von Prototypen ist für jemanden, der mit dem Design-Thinking-Prozess nicht vertraut ist, eine ziemlich ungewöhnliche Vorstellung. Bei dem Begriff Prototyp denken viele Menschen an neue Automodelle, die möglichst gut getarnt über publikumsferne Teststrecken gejagt werden, oder an Modelle von Produkten, die man später in technischen Museen bewundern kann.

Um solche Prototypen und handgefertigte Einzelstücke geht es beim Design Thinking nicht. Hier geht es darum, Ideen möglichst früh sichtbar und kommunizierbar zu machen, damit Anwender sie testen können oder zumindest in der Lage sind, ein Feedback zu geben. Jede

Art von Prototyp ist besser als eine Beschreibung und auch besser als eine Zeichnung.

Prototypen müssen nicht komplex und teuer sein, sondern man soll für sie nur so viel Zeit, Aufwand und Kosten einsetzen, dass der Design Thinker ein nützliches Feedback bekommt, weil der Prototyp Ideen und Vorstellungskraft anregt. Die Erfahrung zeigt, dass ein Prototyp je weniger Beachtung erhält, desto perfekter er ist. Das Ziel des Prototyping ist also nicht, zu perfektionieren, sondern die Stärken und Schwächen einer Idee kennenzulernen und die Richtung für weitere Entwicklungen vorzugeben.

Nicht jedes Problem, das mit Design Thinking gelöst werden soll, kann auch dreidimensional nachgebaut werden. Hier muss man sich dann anderer Methoden bedienen, die die Lösung visualisieren und nachvollziehbar machen. Analogien und gespielte Abläufe können dabei ebenso hilfreich sein wie ein gebautes Modell oder ein kurzer Videofilm.

Die HPI School of Design Thinking arbeitet deshalb mit unterschiedlichen Prototypen: Aus Papier, als reales oder virtuelles Modell oder als szenische Darstellung, wenn es beispielsweise um Servicefunktionen geht. Oft reicht es, wenn modellhaft bestimmte Prinzipien dargestellt werden, die dann Eingang in eine Gesamtlösung finden. Letztendlich kommt es darauf an, Ideen sichtbar und erlebbar zu machen. Nur dann kann man sie in die nächste Phase des Testens geben.

Testen: Zusammen mit Nutzern Lösungen ausprobieren

Wichtig beim Testen ist tatsächlich, dass nicht nur der Design Thinker seine Lösungen erprobt, sondern dass dies gemeinsam mit den späteren

Nutzern stattfindet. Nur so kommt man zu praxisnahen Ergebnissen. Wichtig ist, dass der Nutzer versteht, worum es geht und wie es geht. Aber auch der Design Thinker muss erkennen können, wie der Verwender mit einem Prototyp tatsächlich umgeht.

Das Ziel des Tests ist es, die Stärken und Schwächen einer Idee kennenzulernen und die Richtung für die weitere Entwicklung festzulegen. Es ist wichtig, dass dieser Lernaspekt in den Köpfen der Design Thinker fest verankert ist und dass niemand erwartet, sofort Lorbeeren für eine Idee zu ernten, die noch verbessert werden kann. Man hat den Prototyp gebaut, um zu lernen, und man macht Fehler, um ebenfalls daraus zu lernen. Dieser Lernprozess setzt aber eben oft erst ein, wenn man einen Prototyp in der Hand hält und ihn ausprobiert.

2.3 Übergreifende Regeln und Prinzipien

Neben den einzelnen Bausteinen oder Schritten des Design-Thinking-Prozesses, die in ihrer Reihenfolge unbedingt eingehalten werden müssen, gibt es auch noch bestimmte Regeln und Prinzipien, die ganz wesentlich zum Erfolg des Design Thinking beitragen. Da ist zunächst einmal die Iteration, das Zurückgehen innerhalb des Design-Thinking-Prozesses, dann das Visualisieren, die Einhaltung ganz bestimmter Brainstorming-Regeln und die Beachtung des Faktors Zeit.

Wiederholen: Das alles aber bitte in vielen Zyklen

In der Iteration manifestieren sich die beiden Regeln, durch Versuch und Irrtum zu lernen und aus Fehlern zu lernen. Nichts ist für einen erfolgs- und resultatsorientierten Prozess kontraproduktiver, als nach dem Prinzip »Augen zu und durch« Fehler zu ignorieren oder gar zu negieren.

> *»Ich bin nie gescheitert, ich hatte nur zehntausend Ideen, die nicht funktionierten.«* (BENJAMIN FRANKLIN)

Fehler und Irrtümer haben im Design Thinking als Korrektiv einen außerordentlich hohen Stellenwert. Denn jeder Fehler beinhaltet die Chance, zu lernen und eine Verbesserung durchzuführen. Deshalb lautet eine der Grundregeln für die Studenten an der HPI School of Design Thinking in Potsdam »früh und oft scheitern«.

Diese Aufforderung ist für viele Studenten sehr ungewöhnlich. Sie haben zwar schon von dem Grundsatz »aus Fehlern lernen« gehört, in ihren bis dahin absolvierten Studiengängen hatte Fehlerfreiheit allerdings stets oberste Priorität. Wurden dennoch Fehler gemacht, gab es schlechtere Bewertungen. Die HPI School of Design Thinking fordert ihre Studenten zwar nicht auf, bewusst Fehler zu machen, aber sie ermutigt, zu experimentieren und sich auf das mit Fehlern verbundene Risiko einzulassen. Dies bedarf zum Teil eines ganz erheblichen Gewöhnungsprozesses.

Die Wiederholung eines Prozessschrittes ist kein Verlust an Zeit und Aufwand, sondern ein Erkenntnisgewinn und wird deshalb stets als Lernerfolg bewertet. Aus Sicht der HPI School of Design Thinking ist es auch im späteren Arbeitsleben der Studenten notwendig, diese Grundhaltung beizubehalten und sie anderen zu vermitteln.

> »Von jeder der zweihundert Glühbirnen, die nicht funktionierten, habe ich etwas gelernt, das ich für den nächsten Versuch verwenden konnte.« (THOMAS ALVA EDISON)

In der Wirtschaft wird zwar immer wieder gepredigt, Kundenreklamationen nicht als Störung, sondern als Chance zu betrachten. Leider ist diese Sichtweise in Deutschland bis heute kaum verbreitet. Dadurch wird ein ganz erhebliches Potenzial zur Verbesserung der Qualität und von Abläufen verschenkt. Dies soll im Design-Thinking-Prozess durch die Iteration ausgeschlossen werden.

Tatsächlich wird durch diese Verlangsamung der Lösungsfindung der Aufwand für das Endergebnis weder zeitlich noch kostenmäßig beeinträchtigt. Viel problematischer ist es aus unserer Sicht, dass immer häufiger Unternehmen mit nicht ausgereiften Produkten auf den Markt gehen und die Kunden dann für die Fehler bezahlen müssen.

Visualisieren: In Bildern denken und entwickeln

Ideen sichtbar machen

Visualisieren bedeutet nicht, dass die Studenten zu Grafikdesignern ausgebildet werden sollen, sondern dass sie zu einem eigenen Kommunikationsstil finden. Wir wissen, dass von gelesenen Informationen zehn Prozent erinnert werden, von gehörten Informationen 20 Prozent und von gesehenen 30 Prozent. Wenn man etwas gleichzeitig sieht und hört, steigt die Erinnerungsrate allerdings schon sprunghaft auf 70 Prozent an. Deshalb soll mehr als nur Schrift zum Einsatz kommen.

Was bisher noch nicht ausreichend erforscht wurde, ist die Wirkung von Live-Kommunikation. Wir gehen jedoch davon aus, dass sie nicht nur die Erinnerbarkeit von Informationen erhöht, sondern auch das eigene Denken stärker mobilisiert. Deshalb nutzen wir Texte und Notizen, um Wissen zu speichern.

In Verbindung mit Fotos, Videos, Skizzen, Zeichnungen und Symbolen lassen sich Ideen aber noch viel besser ausdrücken. Beides wirkt durch die direkte Aktion von Teammitgliedern oder Vortragenden nochmals verstärkt. Sprechen, Schreiben, Zeichnen und Gesten sind in der Kombination also die idealen Instrumente, um den eigenen Denkprozess, aber auch den anderer, anzuregen, in Gange zu halten und zu beschleunigen.

Brainstorming: Wilde Gedanken ordnen

Die Voraussetzungen für das Brainstorming sind im Design-Thinking-Prozess ganz andere als die, die viele Menschen in ihrem Beruf kennengelernt haben. Untermauert wird diese Haltung noch durch Studien, die im Jahr 2005 veröffentlicht wurden und zu dem Ergebnis kamen, dass das Brainstorming die Ideenfindung der daran Beteiligten eher blockiert als fördert. Tatsächlich ist es so, dass Brainstorming in willkürlich zusammengestellten Gruppen, die mit einer gegebenen Problemstellung konfrontiert werden, nicht in der gewünschten Weise funktioniert.

Die multidisziplinären Teams haben sich nicht nur in den dem Brainstorming vorausgehenden Arbeitsphasen gut kennengelernt, sie haben auch über die Schritte Verstehen, Beobachten und Standpunkt definieren selbst die Grundlagen für das Brainstorming gelegt. Trotzdem ist es auch für sie wichtig, dabei einige grundlegende Regeln zu beachten. Nach unseren Erfahrungen ist es am besten, wenn man sich an folgenden Maßgaben orientiert:

- *Bleiben Sie am Thema!* Beim Brainstorming besteht immer wieder die Gefahr, dass die Gedanken sich vom eigentlichen Thema entfernen und die Brainstorming-Gruppe dadurch ihre Fokussierung verliert. Die Aufgabe des Brainstorming-Leiters besteht dann darin, die Teilnehmer durch geeignete Fragen wieder auf das Kernproblem zurückzuführen. Das kann zum Beispiel dadurch geschehen, dass er eine bestimmte Betrachtungsweise anregt. Das Gleiche gilt auch für den Fall, dass die Gedanken in eine Sackgasse geraten sind. Plötzlich fällt niemandem mehr etwas ein. Hier ist es die Aufgabe des Leiters, den Teilnehmern eine Brücke zum Thema zu bauen oder durch einen Gedankensprung das Brainstorming wieder in Gange zu setzen.

»Menschen mit einer neuen Idee gelten so lange als Spinner, bis sich die Sache durchgesetzt hat, stellte schon Mark Twain fest. Wir waren die ersten ›Spinner‹ in der D-School, aber Design Thinking wird sich durchsetzen.« (ANTONIA WITTMERS, D-SCHOOL-ABSOLVENTIN, STUDENTIN INFORMATIK UND NF MEDIZIN)

- *Vermeiden Sie jede Kritik!* Kritik an Ideen sind in einem Brainstorming ebenso kontraproduktiv wie Bewertungen oder gar Diskussionen über das, was ein Einzelner geäußert hat. Beim Brainstorming geht es in der ersten Phase einzig und allein darum, Ideen zu produzieren und zu sammeln.
- *Viele Ideen sind besser als nur gute Ideen!* Die Teilnehmer eines Brainstormings müssen die Freiheit haben, auch ungewöhnliche Ideen äußern zu dürfen. Es kommt in der ersten Phase einzig und allein auf die Menge an. Deshalb gilt die Forderung, hundertfünfzig

Ideen in zwanzig Minuten. Auch wenn, wie es oft der Fall ist, hinterher 90 Prozent verworfen werden, ist es wichtig, Ideen in großer Zahl zu produzieren.

Kreatives Brainstorming führt zu vielen Ideen

- *Unterstützen Sie wilde Ideen!* Je ausgefallener eine Idee ist, desto größer ist die Chance, dass in ihr ein innovativer Kern steckt. Lassen Sie also Ihren Gedanken ruhig freien Lauf und sagen Sie, was Ihnen gerade durch den Kopf geht. Wilde Ideen bauen Brücken und schaffen eine offene Atmosphäre.

- *Bauen Sie auf den Ideen anderer auf!* Es kommt beim Brainstorming nicht nur darauf an, neue Ideen zu haben, sondern auch bereits vorhandene zu variieren, sie zu verfeinern oder auch auszubauen. Jede vorgestellte Idee gehört der Gruppe und darf von ihr wie ein Baustein weiter eingesetzt werden.

■ *Visualisieren Sie, was Sie denken!* Viele Menschen glauben, ein Brainstorming sei eine Veranstaltung, die ausschließlich auf sprachlicher Ebene stattfindet. Das ist falsch. In Werbeagenturen wird das Brainstorming zwar häufig eingesetzt, um Namen oder Slogans zu erfinden, doch auch dabei kann jede Art des Visualisierens behilflich sein. So ist es durchaus zweckmäßig, schon vor dem Brainstorming Dinge zu sammeln, die mit dem Thema des Brainstormings in Verbindung stehen. Ideen werden in Worte gefasst oder zeichnerisch dargestellt. Bildliche Umsetzungen lösen schneller Assoziationen bei den Teilnehmern aus

■ *Es spricht immer nur einer zur gleichen Zeit!* Um es noch einmal zu wiederholen: Beim Brainstorming kommt es darauf an, alle Ideen zu sammeln. Deshalb müssen sie entweder von den Teilnehmern selbst oder von jemandem, der die Aufgabe übernimmt, aufgeschrieben werden, und zwar so, dass sie für alle möglichst gut sichtbar sind. Man kann dafür große Post-it-Zettel wählen, die Ideen auf Tafeln schreiben oder auf an die Wände geheftete beziehungsweise auf Tischen ausgelegte Papierbögen. Wer glaubt, dass er seine Idee vergessen hat, bis er das Wort ergreifen kann, schreibt sie am besten sofort auf.

■ *Nummerieren Sie die Ideen!* Es ist bei der anschließenden Auswertung viel einfacher, mit den vielen Ideen, die gesammelt worden sind, umzugehen, wenn sie eine Nummer haben und dadurch leicht zu benennen sind.

■ *Auf ein Brainstorming muss man sich einstimmen!* Ähnlich wie bei einem sportlichen Wettkampf ist es für ein Brainstorming durchaus sinnvoll, vor dem Start Lockerungsübungen zu machen und das Gehirn auf Touren zu bringen. Dafür gibt es die unterschiedlichsten

Möglichkeiten, die von kleinen, körperlichen Übungen bis hin zu kleinen Wortspielen reichen.

Die neun Regeln für Brainstorming

- Bleiben Sie am Thema!
- Vermeiden Sie jede Kritik!
- Viele Ideen sind besser als nur gute Ideen!
- Unterstützen Sie wilde Ideen!
- Bauen Sie auf den Ideen anderer auf!
- Visualisieren Sie, was Sie denken!
- Es spricht immer nur einer zur gleichen Zeit!
- Nummerieren Sie die Ideen!
- Auf ein Brainstorming muss man sich einstimmen!

Der Faktor Zeit: Schnell zu brauchbaren Ergebnissen

In unserer heutigen Wirtschaft gilt nicht mehr, dass die Großen die Kleinen fressen, sondern die Schnellen die Langsamen. Deshalb ist Zeit ein ganz wichtiger und oft entscheidender Faktor im Design-Thinking-Prozess.

Vor allem die Lebenszyklen technischer Produkte werden immer kürzer, und der Preisverfall setzt immer früher nach der Markteinführung ein, weil die Wettbewerber mit ähnlichen und manchmal sogar besseren Produkten immer schneller nachziehen.

Es reicht also nicht mehr nur, großartige Lösungen zu entwickeln, sondern dies auch noch in möglichst kurzer Zeit. Die Regel, dass gut Ding Weile haben will, stammt nun einmal noch aus einer Epoche, als Pferdefuhrwerke nicht nur die ökologisch korrekten, sondern auch die einzigen Transportmittel darstellten.

Zeitdruck ist gut!

Zeitknapphcit verhindert keineswegs Ideen von guter Qualität, sondern fördert die Spontaneität und verhindert die immer wiederkehrende Zensur im eigenen Kopf. Beim Beobachten ist es gut, schnell die richtigen Fragen zu stellen und dem Problem direkt auf den Grund zu gehen, anstatt große Umwege zu machen. Und wenn es um die Ideenfindung beim Brainstorming geht, wirken sich lang hinziehende Sitzungen eher ermüdend als befruchtend aus.

> *»Ich habe gelernt, dass man Kreativität tatsächlich in Zeit fassen kann.«* (Franziska Lebrenz, Studentin Bauingenieurwesen und Architektur)

Deshalb ist es in der HPI School of Design Thinking in Potsdam auch üblich, die vielen großen, speziellen Timer als Zeitgeber einzusetzen und tatsächlich zu nutzen. Gute Resultate durch knappe Zeit, lautet der Grundsatz, nicht trotz knapper Zeit.

3

Zukünftige Entwicklungen

3.1 Innovationen sind überall möglich: Einsatzfelder für Design Thinking

Unter Design Thinkern gilt Procter & Gamble als eines der innovativsten Unternehmen der Welt. Ganz offensichtlich existiert in diesem Konzern eine tief verankerte und tatsächlich gelebte Unternehmenskultur, die Kundenorientierung und Innovation in den Mittelpunkt stellt. Gegründet wurde das Unternehmen im Jahr 1837 von den beiden Auswanderern aus England und Irland William Procter und James Gamble in Cincinnati, Ohio, wo sich auch heute noch der Hauptsitz befindet.

Procter & Gamble hielt sich als Unternehmen stets im Hintergrund, stattdessen setzte es als erstes konsequent auf ein markenorientiertes Konsumgütermarketing. Viele Marken sind als Innovationen fester Bestandteil unserer Alltagskultur geworden wie zum Beispiel Tempo-Papiertaschentücher und Rei in der Tube. Das von der Windelmarke Pampers abgeleitete Verb »pampern« hat es sogar geschafft, im *Fremdwörter-Duden* und dem *Duden der New Economy* gelistet zu werden.

Die Marken Tempo und Rei hat Procter & Gamble zwar inzwischen verkauft, doch es gibt auch heute noch eine lange Reihe sehr bekannter Marken des Konzerns. Dazu zählen Always (Damenhygieneprodukte), Ariel, Dash, Meister Proper und Vizir (Waschmittel), blend-a-dent, blend-a-med, und Blendax (Zahnhygiene), Bounty (Hygienepapier), Braun (Elektrogeräte), Charmin (Toilettenpapier), Fairy (Geschirrspülmittel), Febreze (Geruchsneutralisierer), Lenor (Weichspüler), Duracell (Batterien), Gillette und Mach3 (Nassrasursysteme), Head & Shoulders, Herbal Essences, Pantene, Wella und Wash & Go (Haarpflege), Iams (Tiernahrung), Luvs (Windeln), MaxFactor by Ellen Betrix und Oil of Olaz (Kosmetik), Meister Proper (Haushaltsreiniger), Old Spice (Pflegeprodukte für Männer), Pringles (Snacks), Swiffer (Bodenreinigungssystem, Staubwedel) sowie Wick (Erkältungsprodukte).

Procter & Gamble gehörte in der ersten Hälfte des zwanzigsten Jahrhunderts zu den Erfindern der Radiowerbung. Der Begriff »Seifenoper« geht ebenfalls auf Procter & Gamble zurück, als diese nämlich in den 1930er Jahren Radioshows nicht nur sponserten, sondern auch selbst produzierten, wie zum Beispiel die *Springfield-Story*, von der es seit dem 25. Januar 1937 mehr als 15.000 Folgen gab.

Fast hundert Jahre lang wurde das Unternehmen von Familienmitgliedern der beiden Gründer geführt. Seit dem Jahr 2000 steht Alan G. Lafley an der Spitze des Unternehmens. In den vergangenen zwei Jahrzehnten hat sich Procter & Gamble immer stärker von den angestammten Geschäftsfeldern Waschmittel, Reinigungsprodukte, Windeln und Papierprodukte abgewandt und sich zunehmend zu einem Schönheitspflege-Unternehmen entwickelt. Inzwischen ist Procter & Gamble der zweitgrößte Konsumgüterkonzern der Welt nach dem Nahrungsmittelhersteller Nestlé.

Innovationen in allen Bereichen

Weshalb hat Procter & Gamble nun unter Design Thinkern einen so guten Ruf? Innovation wird dort wesentlich breiter definiert als in anderen Unternehmen, und sie ist nicht nur auf technische Aspekte beschränkt. Innovation findet in allen Bereichen statt, beim Marketing, beim Design, in den Geschäftsmodellen und in der Organisation. Man versucht, Veränderungen im Markt vorherzusehen und diese zu antizipieren, anstatt ihnen Widerstand entgegenzusetzen, wie es die meisten weniger innovativen Unternehmen tun.

Durch Zusammenarbeit zum Erfolg

Alan G. Lafley gilt als einer der Unternehmensführer, die mit Einfühlungsvermögen und Vorstellungskraft gewillt sind, zu experimentieren und Wege zu beschreiten, von denen man anfangs noch nicht genau weiß, was einen am Ziel erwartet. Die traditionellen Instrumente wie Kostensparen und höhere Produktivität reichen ihm nicht aus. Das macht er auch in seinem im April 2008 erschienenem Buch *The Game-Changer. How You Can Drive Revenue and Profit Growth with Innovation* deutlich.

> *»Unternehmen, die auf Heureka-Momente warten, können warten, bis sie schwarz werden.«* (Alan G. Lafley, CEO von Procter & Gamble)

Für Lafley spielt die Innovation eine zentrale Rolle für nachhaltiges Wachstum. Dabei legt er besonderen Wert auf die sozialen Aspekte der Unternehmenskultur in seinem Unternehmen. Gedankenfreiheit, Originalität, Tatkraft und die Bereitschaft zur Zusammenarbeit sind für ihn die wichtigsten Elemente, um den Erfolg zu sichern. Immerhin konnte Procter & Gamble in den vergangenen sieben Jahren unter seiner Führung die Gewinne verdreifachen.

Innovation ist für Lafley keineswegs eine abgegrenzte Aktivität, die Spezialisten vorbehalten bleibt, sondern sie ist Teil jeder Führungsposition und die zentrale Kraft, um das Unternehmen voranzutreiben und organisch und nachhaltig zu wachsen.

>

»Um erfolgreich zu sein, dürfen Unternehmen Innovation nicht als etwas ansehen, was nur von wenigen Experten erledigt werden kann, sondern als etwas, was eine Routine werden soll, wobei die Fähigkeiten jedes Mitarbeiters genutzt werden.« (ALAN G. LAFLEY, CEO VON PROCTER & GAMBLE)

Kreativität statt Kündigungen

Die Denkweise Lafleys hatte auch Auswirkungen auf General Electric (GE), wo er im Aufsichtsrat sitzt. Unter dem früheren GE-Vorstandschef Jack Welch stand das Unternehmen ganz im Zeichen von Effizienzsteigerung und Kostensenkung.

Es heißt, dass die Führungskräfte gezwungen waren, jedes Jahr 10 Prozent der Mitarbeiter zu entlassen, die am unproduktivsten waren.

Manche mittleren Führungskräfte sollen in ihrer Not, als sie beim besten Willen keinen Entlassungskandidaten mehr identifizieren konnten, Mitarbeiter auf die Kündigungsliste gesetzt haben, die im Laufe des Jahres verstorben waren. Dieses gnadenlose Kostenmanagement änderte sich erst, als Jeffrey Immelt im Jahr 2000 auf dem Chefsessel Platz nahm.

Er stellte fest, dass allein mit Kostensenkungen weder das Wachstum des Unternehmens noch sein technischer Vorsprung zu halten war. Also orientierte er sich an Procter & Gamble. Immelt schickte Manager zur kreativen Weiterbildung zu Procter & Gamble und zur Kreativitätsschmiede IDEO. Tatsächlich zeigte sich, dass General Electric kreativer wurde und mit seinen Innovationsideen tatsächlich die durchaus hochgesteckten Wachstums- und Gewinnziele erreichte.

Noch im Jahr 2006 waren die Aktionäre und die Börse von der Nachhaltigkeit dieser Methode nicht zu überzeugen, wie die Börsenkurse zeigten. Doch Immelt ist überzeugt: »Traditionelles Management wird nicht mehr die Wachstumsdynamik bringen, die man in einem langsam wachsenden, gesättigten Umfeld haben muss.«

Der Kunde steht im Mittelpunkt

Die wichtigste Regel für ein innovatives Unternehmen lautet wohl: Nicht der Vorstandsvorsitzende oder sein Managementteam sind diesenigen, welche die Richtung des Unternehmens bestimmen, sondern der eigentliche Boss ist der Kunde. Nur durch das ständige Beobachten des Kunden lassen sich gewinnbringende, neue Geschäftsfelder entwickeln und bestehende wiederbeleben. Jedes Unternehmen, das nicht versucht,

Teamorientierung ist gut – Kundenorientierung ist besser

in seinem Bereich die Führungsposition als Innovator zu übernehmen, wird im internationalen Wettbewerb zu den Verlierern gehören.

Genau dies versucht Philips im niederländischen Eindhoven. In der Entwicklungsabteilung gibt es drei Personen, die darüber entscheiden, welche Geräte zu Prototypen weiterentwickelt werden und welche nicht. Es sind Simone, die eigentlich gar kein großes Interesse an Technik hat, der technikversessene Justin und die häusliche Alexandra. Alle drei sind allerdings nur fiktive Persönlichkeiten, die auf der Basis von Marktdaten, durch das Beobachten der Verbraucher, durch Hausbesuche und psychologische Analysen als Abbilder der potenziellen Kundschaft entstanden sind und die Blickrichtung der Innovatoren lenken. Nur wenn diese drei mit den Produkten glücklich sind, haben die Produkte auch eine Chance, bis zur Marktreife entwickelt zu werden. Mit dieser Strategie ist Philips inzwischen zu dem erfindungsreichsten Unternehmen Europas geworden.

Wachstum nur durch Marketing und Innovation

Doch nicht nur in produzierenden Unternehmen hat das Design Thinking Einzug gehalten. »In den gesättigten Märkten erreichen wir unsere Wachstumsziele nur über Marketing und Innovation«, sagt Metro-Chef Hans-Joachim Körber. Dazu hat er ganz neue Formen der Zusammenarbeit entwickelt.

Die Informationen über die Kundenpräferenzen erhält Metro über die Payback-Karte, mit der die Kunden geldwerte Punkte sammeln können und das Unternehmen Informationen darüber erhält, was der Kunde wann, wo und wie oft kauft. So lassen sich mithilfe der Statistik wieder fiktive Kundenpersönlichkeiten konstruieren, denen man dann mithilfe der Herstellerfirmen versucht, neue Produkte auf den Leib zu schneidern.

Nicht nur im Bereich Produktentwicklung sind für den Handelskonzern Innovationen gefragt, sondern auch im Bereich Logistik und Qualitätsmanagement. In seinem 2003 gegründeten »Future Store« testet Metro neue Technologien, wie mobile Computer am Einkaufswagen oder auch Funketiketten, die irgendwann in der Zukunft die Barcodes auf den Produkten ersetzen werden. Man möchte nicht nur der zunehmenden Zahl älterer Kunden die richtige Einkaufsumgebung bieten, sondern, wie das gemeinsame Projekt mit der HPI School of Design Thinking zeigt, auch den Young Urban Professionals.

Ideen für den globalen Wettbewerb

Um Innovationen zu generieren, greifen manche Unternehmen auch auf unorthodoxe Methoden zurück. So hat IBM im Jahr 2006 den größten Ideenwettbewerb aller Zeiten gestartet. 140.000 Menschen aus 75 Ländern nahmen an dem 72 Stunden dauernden Kreativmarathon per Internet teil.

Viele Ideen ermöglichen Innovation

Dabei ging es nicht darum, in das *Guiness-Buch der Rekorde* aufgenommen zu werden, sondern der achte und aufwendigste »Innovation Jam« bei IBM diente einzig und allein dazu, Ideen und Vorschläge zu sammeln, um im globalen Wettbewerb bestehen zu können. Immerhin wurden aus den Eingaben 37.000 Vorschläge ausgewählt, von denen am Ende 31 weiterverfolgt wurden. Es sollen 100 Millionen Dollar in die Verwirklichung dieser Ideen investiert werden, die von der Verbesserung des Verkehrsmanagements bis hin zu Online-Spielen und verbesserten Systemen für Mobiltelefone reichen.

»Unternehmen müssen innovativer werden, wenn sie wettbewerbsfähig bestehen möchten.« (Prof. Hasso Plattner)

Hasso Plattner Ventures: Firmeninkubator und Wagniskapitalfonds

In direkter Nachbarschaft zur HPI School of Design Thinking in Potsdam liegt die am 1. Juli 2005 gegründete Hasso Plattner Ventures (HPV), eine Kombination aus Firmeninkubator und Wagniskapitalfonds für Firmengründer aus dem Bereich Informationstechnologie und Cleantech in Europa und Israel. Hasso Plattner investierte 40 Millionen Euro und das kalifornische Venture Capital Unternehmen CMEA Ventures fünf Millionen, ebenso wie die Investitionsbank des Landes Brandenburg (ILB). Bis heute erhielten zwölf Unternehmen mit mehr als 300 Mitarbeitern vom HPV Finanzmittel. Insgesamt stiegen die Umsätze dieser Unternehmen von 6,5 Millionen Euro im Jahr 2006 auf 15 Millionen Euro im Jahr 2007.

Hasso Plattner Ventures

Doch Hasso Plattner Ventures stellt nicht nur Kapitalmittel zur Verfügung, sondern auch umfassende Beratungsdienstleistungen. Unter dem Schlagwort »Alle für Ihren Erfolg« sorgt das HPV-Team dafür, dass die jungen Unternehmer schnell und flexibel handeln können, um keine Marktchancen zu verpassen.

Besonders wichtig ist es, die internationalen Märkte im Auge zu behalten und gut vernetzt zu sein. Zu diesem Zweck werden vom HPV zahlreiche Konferenzen und Events organisiert, und es gibt auch einen Founders Club, wo sich die Führungskräfte der Beteiligungsfirmen mit Industrieexperten treffen können.

Das HPV arbeitet mit den Methoden des Design Thinking und vermittelt diese seinen Beteiligungsunternehmen mit dem Ziel, innovative Ideen zu entwickeln, Entwicklungszyklen zu verkürzen sowie die Akzeptanz der angebotenen Dienstleistungen und Produkte beim Endkunden sicherzustellen. Design Thinking führt so zu erfolgreicheren Produkten.

Das Hasso-Plattner-Ventures-Portfolio

- *Bright View:* Bright View Systems arbeitet im Bereich der Entwicklung sauberer, erneuerbarer und leistungsfähiger Energiequellen.

- *Datango:* Die Datango-Software-Lösungen helfen Unternehmen, neue Unternehmensapplikationen schnell und einfach zu installieren. Mit ihnen wird unter anderem sichergestellt, dass der Endnutzer von komplexen Technologien die notwendigen Fähigkeiten und Unterstützungen erhält, die eigene Entwicklung zu fördern.

- *D-LABS:* D-LABS möchte eine der führenden Beratungsunternehmen für »Design-led Innovation« für die Softwareindustrie in Deutschland werden. Als Design- und Beratungsunternehmen entwickelt D-LABS Produkte und Service-Angebote.

- *FACTON:* FACTON ist ein führender Software-Verkäufer im Bereich von Cost Process Optimization.

- *Hiogi:* Hiogi ist ein komfortables Suchwerkzeug für das mobile Web.

- *INCHRON:* INCHRON bietet Lösungen für Real-time-Software-Applications und bietet so fehlerfreie, kosteneffektive Softwaresysteme.

- *InnovaShare:* InnovaShare entwickelt eine Product-Lifecycle-Management-Lösung für SMB-Hersteller, die zu einer signifikant kürzeren Produktdesign und -entwicklungszeit führt.

- *OpenSynergy:* OpenSynergy ist auf die Beratung und Software-Entwicklung im Bereich von AUTOSAR und Automotive Infotainment spezialisiert.

- *OSN/verwandt.de:* OSN ist ein schnell wachsender Online-Service für Familien und Verwandte, um sich selbst zu präsentieren und Angehörige zu finden.

- *SmApper:* SmApper verbessert bestehende Datenstrukturen und Speicherarchitekturen.

- *Smeet:* Smeet liefert Software-Lösungen und ein soziales Netzwerk für das neue Segment der »Reality Communications«. Smeet bietet die Möglichkeit, in der virtuellen Welt wie in der realen Welt zu kommunizieren und andere Menschen zu treffen.

- *VoIPFuture:* VoIPFuture liefert Software-Produkte für VoIP Qualität, Analyse und Diagnose.

3.2 Nachahmung ist machbar und erwünscht: Executive Education

In Stanford richtet sich das dreitägige »Design Thinking Bootcamp: from Insights to Innovation« ganz gezielt an die Spitzenmanager der Wirtschaft. Das wird schon an den Teilnahmegebühren in Höhe von 10.000 US-Dollar erkenntlich. Die Manager lernen in kleinen Teams von vier bis fünf Teilnehmern unter der Leitung einer der Professoren in einem Crashkurs, wie Design Thinking funktioniert.

Dabei wird ihnen, wie auch den Studenten, nichts geschenkt. Jeder Seminartag beginnt am Morgen um 7.30 Uhr mit einem Frühstück in der Schule und endet offiziell um 17.00 Uhr. Hausaufgaben werden zwar nicht vergeben, aber die Erfahrung der Vergangenheit zeigt, dass einige der Teilnehmer manchmal die Nacht durcharbeiten.

Insgesamt ist das Executive Education Program aber nicht nur darauf ausgelegt, Erfahrungen im Design Thinking zu sammeln. Die Manager sollen auch lernen, wie sie tiefere Einsichten in das Verhalten ihrer Konsumenten gewinnen, durch schnelles Prototyping Risiken reduzieren und das Lernen beschleunigen können. Sie trainieren außerdem, wie man durch Innovationen das Wachstum fördert und wie sie ihre eigenen Mitarbeiter dazu bringen können, selbst innovativ zu sein.

From Insights to Innovation

Ähnlich wie das Schwesterinstitut in Stanford öffnete sich auch die HPI School of Design Thinking in Potsdam durch ein Weiterbildungsprogramm für Führungskräfte. Zunächst wurden verschiedene Seminarformen und -inhalte im Sinne des Design Thinking in Testläufen erprobt. Bei der ersten Veranstaltung handelte es sich um ein zweitägiges Modul im Rahmen der Entertainment-Master-Class, der weltweit ersten Formatakademie Unterhaltungsfernsehen. Das Programm führt Entwickler, Produzenten und Sender in einem freien Rahmen zusammen, in welchem sie ihre Erfahrungen über den kreativen Prozess der Formatentwicklung austauschen können. Formate sind nicht das Werk einsamer Genies, sie sind ein Produkt vieler Köpfe.«

Design Thinking für Spitzenkräfte

Kein Wunder also, dass das Interesse, den Design-Thinking-Prozess kennenzulernen, groß war. Eine der Übungen, die von allen als sehr inspirierend empfunden wurde, galt der Frage: »Wer steckt dahinter?« Anhand von Fototafeln mussten sich die Teilnehmer Gedanken darüber machen, welche Eigenschaften ein Mensch wohl haben könnte, der diese Bilder aufgenommen hat. Dabei ging es nicht nur darum, einen Namen zu finden und das Alter zu bestimmen, die Teilnehmer mussten vielmehr eine ganze Liste von Fragen beantworten und kamen dabei zu höchst überraschenden, aber auch unterschiedlichen Antworten.

Diese Bestätigung des Erfolgs durch die Design-Thinking-Methode macht Vertreter aller Branchen hellhörig: Ob in Logistik-, Beratungs- oder Medienunternehmen – Design Thinking hilft, innovative Prozesse, Produkte oder Dienstleistungen zu entwickeln. Anfragen aus der Wirtschaft nach Möglichkeiten, diese Methode für das eigene Unternehmen erlebbar zu machen, sind entsprechend zahlreich.

Neben Fachvorträgen werden stets Übungen durchgeführt, die den Unternehmen helfen, sich mit der neuen Arbeitsweise vertraut zu machen. Andere Unternehmen machten über das Kennenlernen hinaus bereits einen größeren Schritt nach vorn, indem sie mehrtägige Veranstaltungen bei der HPI School of Design Thinking buchten, in denen sie unter der Anleitung von Professoren und Assistenten konkrete Themen bearbeiteten. Wichtig ist hierbei vor allem, dass die Lehrkräfte die Gelegenheit erhalten, sich schon im Vorwege intensiv auf die Themen vorzubereiten, um den Seminarteilnehmern behilflich sein zu können, die einzelnen Schritte des Design-Thinking-Prozesses gezielt und ergebnisorientiert zu durchlaufen.

3.3 Eine Zusammenarbeit mit großer Perspektive: Design-Thinking-Research-Programm

Design Thinking ist ein Aktionsmodell, von dem man durch Erfahrung ganz genau weiß, dass es funktioniert, welche Voraussetzungen gegeben sein müssen und wie die Abläufe zu gestalten sind. Was man aber bisher nur in Ansätzen weiß, ist, warum Design Thinking so gut funktioniert.

Natürlich gibt es einige Erklärungsmodelle, aber sie sind aus wissenschaftlicher Sicht noch längst nicht befriedigend. Was hier fehlt, sind überprüfbare Theorien. Diese sind vor allem notwendig, wenn man von Bewährtem und Erprobtem abweichen und zum Beispiel mit Teams arbeiten will, die nicht mehr von Angesicht zu Angesicht kommunizieren können, weil sich die Teammitglieder an verschiedenen Orten des Erdballs befinden.

Um für diese Fragestellungen befriedigende Antworten zu finden und das Design-Thinking-Modell noch wirkungsvoller sowie universeller anwendbar zu machen, wurde am 18. August 2008 zwischen der amerikanischen Elite-Universität Stanford und dem Hasso-Plattner-Institut in Potsdam ein Partnerschaftsvertrag geschlossen, um zukünftig gemeinsam Innovationsprozesse zu erforschen.

> *»Da sind ein Spaßfaktor und eine Gruppendynamik dabei, die Energie freisetzen, von der wir noch gar nicht wissen, woher die kommt.«*
> (PROF. HASSO PLATTNER)

Das Forschungsprogramm soll zunächst über acht Jahre laufen, und es wird von der Hasso Plattner Förderstiftung mit 16 Millionen US-Dollar finanziert. Bisher wurden zwölf Forschungsprojekte definiert, für die jährlich Beträge in Höhe von bis zu 150.000 US-Dollar bereitgestellt werden.

Fragestellungen des Design-Thinking-Research-Programms

Zu den wichtigsten Fragen, die wissenschaftlich aufbereitet und geklärt werden sollen, gehören folgende:

- Wie funktioniert Design Thinking?
- Warum funktioniert Design Thinking? Und was sind die wichtigsten Faktoren für eine erfolgreiche Anwendung im IT-/Engineering-Bereich?
- Auf welche Weise unterstützt Design Thinking die kreative multidisziplinäre Zusammenarbeit über Fachbereichsgrenzen hinweg?
- Können räumliche und zeitliche Grenzen im Design-Thinking-Schaffensprozess überwunden werden? Falls ja: Wie kann das geschehen?
- Auf welche Art und Weise kann Design Thinking mit den üblichen Herangehensweisen im Engineering-Bereich verzahnt werden?
- Welche Rolle spielt die Zusammensetzung von Teams? Und kann sie bewusst gesteuert werden?

Viele Fragen werden im Research-Programm diskutiert

Projekte des Design-Thinking-Research-Programm

- Rosie: A Communication Robot for Design Thinking (Projektleiter: Prof. Mark Cutkosky, Stanford University).

- Scenario-Based Prototyping for Designing Complex Software Systems with Multiple Users (Projektleiter: Prof. Dr. Holger Giese und Prof. Dr. Mathias Weske, Hasso-Plattner-Institut).

- Cultural Influences on Design Thinking Processes and Outcomes (Projektleiter: Prof. Pamela Hinds, Stanford University).

- Agile Software Development in Virtual Collaboration Environments (Projektleiter: Prof. Dr. Robert Hirschfeld, Hasso-Plattner-Institut).

- What is the Value of Prototyping? (Projektleiter: Prof. Scott Klemmer, Stanford University).

- What drives Creative Thinking in Product Design? A Neuroscientific and Psychometric Assessment (Projektleiter: Prof. Brian Knutson, Stanford University).

- D-Tools 2.0: Supporting Distributed Design Thinking with the Help of Innovative Collaboration Tools (Projektleiter: Prof. Dr. Christoph Meinel, Hasso-Plattner-Institut).

- Design Loupes: A bifocal study to improve the management of engineering design by co-evaluation of the design process and information sharing activity (Projektleiter: Prof. Larry Leifer, Stanford University).

- e.valuate: Evaluation of supportive instrument usage for interdisciplinary team processes (Projektleiter: Prof. Dr. Christoph Meinel, Hasso-Plattner-Institut).

- Re-Representation: An Active Agent and Mediator in Team-Based Design Thinking (Projektleiter: Prof. Larry Leifer, Stanford University).

- Prototyping: Weaving Together Conceptual, Empirical, and Applied Perspectives (Projektleiter: Prof. Robert I. Sutton, Stanford University).

- Design Loupes: A bifocal study to improve the management of engineering design by co-evaluation of the design process and information sharing activity (Projektleiter: Dr. Alexander Zeier, Hasso-Plattner-Institut).

- Collaborative creativity in the development processes of the IT industry via Design Thinking (Projektleiter: Prof. Dr. Christoph Meinel, Hasso-Plattner-Institut).

Die Rolle von kulturellen und unternehmensspezifischen Einflüssen

Die Antworten auf diese vielfältigen Fragen erhofft man sich unter anderem von einer ethnografischen Studie über die kulturellen Einflüsse auf den Design-Thinking-Prozess und seine Ergebnisse. Es wird vermutet, dass nationale, fachgebietsbezogene und unternehmensspezifische Einflüsse auf den Prozess und seine Ergebnisse haben. Wie diese jedoch genau funktionieren, ist nicht bekannt. Um hier zu breiten Erkenntnissen zu kommen, sind nicht nur deutsche und amerikanische Forscher beteiligt, sondern auch chinesische.

Design Thinking ist international

Es gibt Erfahrungswerte, die nicht nur Unterschiede zwischen der d.school in Stanford und der HPI School of Design Thinking in Potsdam zeigen, die außerdem auf ganz erhebliche Unterschiede in den Denkstilen amerikanischer und deutscher Unternehmen hinweisen und natürlich erst recht in Bezug auf chinesische Unternehmen. Wie diese aber in ihren Resultaten zu bewerten sind und ob beziehungsweise wie sie beeinflusst und optimiert werden können, ist unbekannt.

Die Rolle der eingesetzten Instrumente

Ganz offensichtlich spielen auch die Instrumente eine Rolle, die eingesetzt werden. Sie entscheiden mit darüber, wie Design Thinker wahrnehmen, denken und kommunizieren. Schon 1964 formulierte Marshall McLuhan den berühmten Satz »Das Medium ist die Botschaft«. Wie weit dies auch auf den Prozess des Design Thinking zutrifft, soll jetzt erforscht werden.

Die Rolle des Prototypings

Gleich zwei Forschungsgruppen widmen sich dem Thema des Prototypings. Es wird sowohl die grundsätzliche Frage gestellt, warum Prototyping eine so große Bedeutung hat, als auch danach, wie man die Methode des Prototypings noch verbessern kann.

Weiter soll geklärt werden, ob es nicht auch möglich ist, das Prototyping als Methode in anderen Lern- und Erkenntnisprozessen zielgerichtet einzusetzen.

Die Auswirkungen von Design Thinking auf Denkprozesse

Mithilfe moderner neurowissenschaftlicher Methoden soll erforscht werden, welche Rolle Design Thinking auf kreative Prozesse hat. Wie entsteht Inspiration, welche Rolle hat die Nutzerorientierung, wie wirkt sich die Gruppenarbeit und die Anwendung von Prototypen auf die Denkprozesse im Gehirn aus?

Lösungen für die breitere Nutzung von Design Thinking

Die eher auf die Informationstechnologie bezogenen Projekte haben eine starke praxis- und nutzungsorientierte Ausrichtung, die letzten Endes auch auf eine breitere Nutzung des Design-Thinking-Prozesses abzielt. Hier geht es im ersten Jahr um Lösungen für räumlich getrennte Teams, um eine bessere Dokumentation, um eine bessere Interaktion zwischen Entwicklern und Anwendern sowie um die Optimierung von Entwicklungsprozessen in der IT-Industrie.

Man möchte damit ganz konkret die globale Zusammenarbeit fördern und bekannte Defizite in bestehenden Entwicklungsabläufen in der IT-Branche beseitigen. Gerade dieser Bereich dürfte daher für viele Unternehmen von besonderer Bedeutung sein.

4

Beispielhafte
Design-Thinking-Projekte

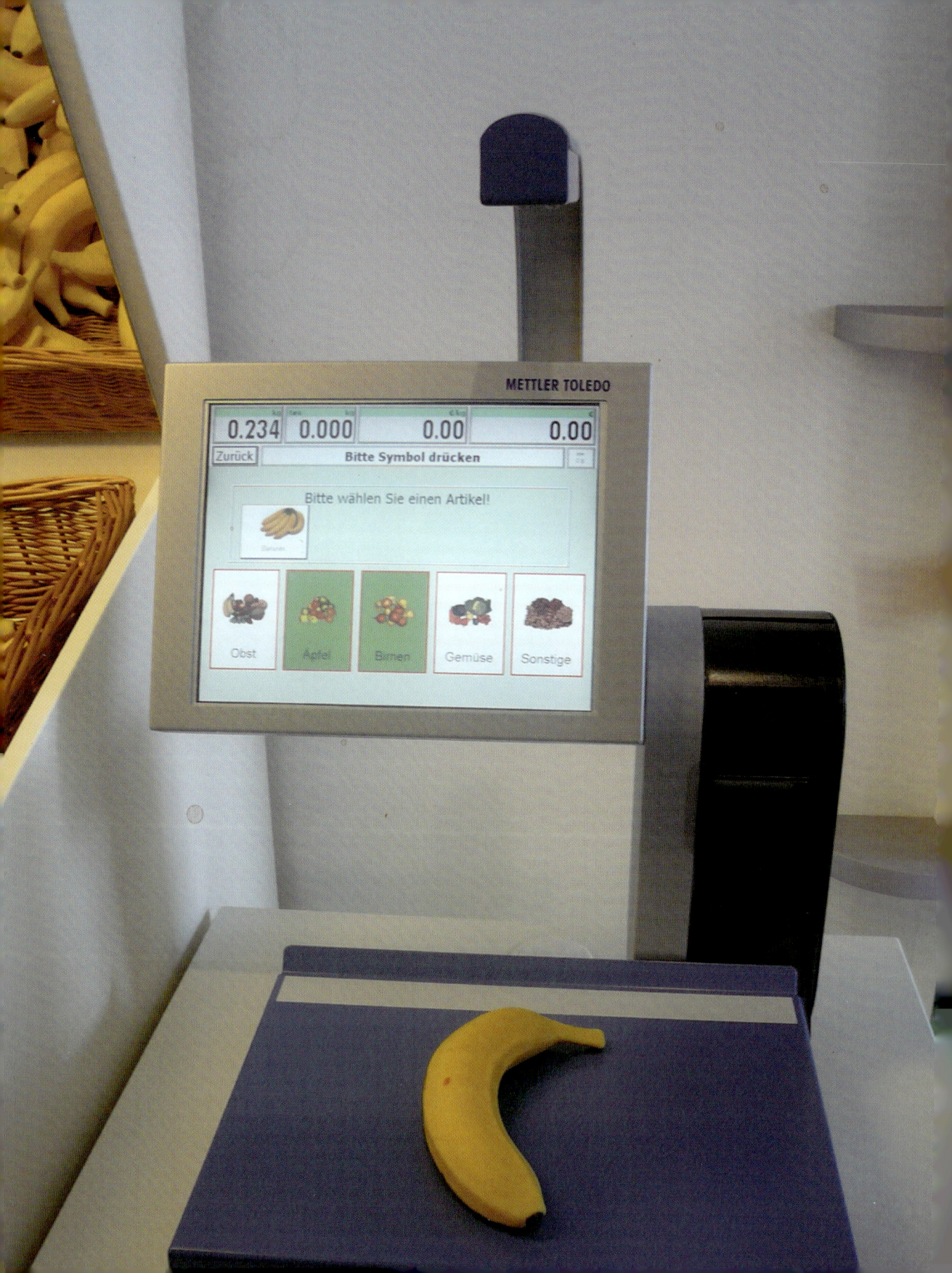

4.1 Die letzte Meile beim privaten Einkauf

Projektteam

- *Studenten:* Oliver Böckmann (IT-Systems Engineering), Sven Dittgen (Video- und TV-Design), Bettina Michl (Betriebswirtschaftslehre), Christine Noweski (Politikwissenschaften).
- *Teacher:* Alexander Renneberg, Prof. Dr.-Ing. Werner Zorn.
- *Projektpartner:* Metro Group Düsseldorf.

Wie kann die letzte Meile des privaten Einkaufs im Hinblick auf Einfachheit, Kosteneffizienz und Nachhaltigkeit besser gestaltet werden? Diese Aufgabenstellung schloss auch den Wunsch des Projektpartners ein, Ideen für innovative Lieferservice-Konzepte zu entwickeln.

Nach einer 360-Grad-Recherche des Einkaufsverhaltens einigten sich die Design-Thinking-Gruppe und der Projektpartner Real darauf, bisherige Nichtkunden der »Supermärkte auf der grünen Wiese« in den Projektfokus zu stellen. Ein großes Potenzial sah das Team bei den »Young Urban Professionals (Yuppies)«.

Nach einer darauf ausgerichteten Beobachtungs- und Interviewphase stellte sich heraus, dass die Yuppies Komfort in Form bequemer Abläufe, Kosteneffizienz in Form von Zeit- und Wegeeffizienz sowie Nachhaltigkeit in Form von Ressourcen-Sensibilität definieren. Einkaufen soll für sie einerseits inspirierend sein, andererseits sich auch problemlos in die begrenzte Zeit integrieren lassen.

Beim privaten Einkauf der Zielgruppe gibt es Alternativen, wenn es darum geht, wie der Weg zwischen Kunde und Produkten gestaltet ist. Produkte können via Home-Shopping bei Online-Shops oder Lieferservices bestellt werden. Dann kommen die Produkte zum Kunden. Bei

Hypermärkten, Convenience-Läden oder auch bei lokalen Frischemärkten müssen die Kunden zu den Produkten gehen. Beide Varianten bieten Vor- und Nachteile, die sich aus der Erreichbarkeit, dem Einkaufserlebnis, den Kosten und der Produktauswahl ergeben.

Im Rahmen der Beobachtungsphase wurde besonders das Einkaufsverhalten junger Berufstätiger, die öffentliche Verkehrsmittel benutzen, in Augenschein genommen. Mithilfe eines Kartenspiels wurden der Gesprächseinstieg und die direkte Befragung außerhalb von Einkaufsorten unterstützt und die Gespräche in Richtung Gewohnheiten, Präferenzen, Motivationen und Hürden sowie Erfahrungen mit Lieferdiensten, Online-Bestellungen und beim Nonfood-Shopping gelenkt. Gleichzeitig testete das Projektteam Lieferdienste, erforschte Supermärkte, beobachtete das Einkaufsverhalten, führte Interviews mit Experten und Kunden und nutzte Marktforschungsinformationen des Projektpartners.

Anhand von zwei Dutzend Interviews und Beobachtungsprotokollen erkannte das Team Parallelen und Unterschiede im Einkaufsverhalten und bestimmte Muster sowie Auffälligkeiten der einzelnen Einkäufergruppen. Durch Story-Telling und im »Silent Clustering« kristallisierten sich dann spezielle Einkaufs- und Erlebnisauslöser, materielle und immaterielle Hürden, spezielle Informationsbedürfnisse, Einkaufsroutinen, Lieferservice-Ansprüche und zielgruppenspezifische Rahmenbedingungen heraus.

Als es darum ging, den Standpunkt zu definieren, stellte sich noch einmal deutlich heraus, dass Yuppies als zu gewinnende Kunden besonders attraktiv sind, weil sie als Trendsetter sowohl jüngere wie auch ältere Zielgruppen dazu animieren, sie nachzuahmen. Da viele von ihnen später Familien gründen werden, ist es für Handelsunternehmen durchaus interessant, sie schon frühzeitig an Dienstleistungsmarken zu binden.

Team bei der Auswertung der Beobachtungen

Ole und Claudius: Zwei idealtypische Kunden

Um den Point of View deutlich zu machen, wurden zwei Typen entwickelt: Ole und Claudius.

- *Claudius* hat eine geringe Preissensibilität, aber hohe Ansprüche an Servicequalität. Er schätzt exklusive, hochwertige Produkte und luxuriöse Einkaufsumgebungen. Er kauft möglichst anonym und absolut zeitsparend ein. Gleichzeitig legt er großen Wert darauf, das Gefühl vermittelt zu bekommen, als Mensch und als Kunde wahrgenommen zu werden.
- *Ole* ist beruflich eingespannt und anspruchsvoll. Einkaufen in Supermärkten ist für ihn reine Zeitverschwendung. Er nimmt das Einkaufen von Lebensmitteln als uninspirierend und anstrengend wahr.

Diese beiden idealtypischen Personen ähneln sich in ihrem hohen Autonomie- und Effizienzanspruch beim Einkaufsverhalten wie auch hinsichtlich einer geringen Preissensibilität. Sie unterscheiden sich in Bezug auf ihre Ansprüche an Exklusivität, an Betreuungs- und Serviceintensität sowie in ihrem Wunsch nach Inspiration, Erlebnis und Überraschung.

Um die unterschiedlichen Zeitpunkte für ihre möglichen Einkäufe und die Aufnahme von Inspiration zu erkennen, entschied sich das Design-Thinking-Team dafür, den Tagesablauf von Claudius und Ole als Comic darzustellen.

Zeitgleich mit der anschließenden Phase der Ideenfindung fand ein Besuch im Real Future Store statt. Dort konnten die Studenten sowohl die zukünftigen Formen des Einkaufens besichtigen und ausprobieren, als auch Eindrücke vom Logistik- und Lagermanagement sammeln. Dabei war es für die Design Thinker interessant zu sehen, wie Technologien verwaltet werden, die im ersten Anlauf nicht realisiert, sondern wieder verworfen wurden.

Suche nach einem inspirierenden Weg

In der Ideenfindungsphase lautete die zentrale Frage: »Wie kann man einen inspirierenden Weg finden, seinen Einkauf auf dem Weg nach Hause zu erledigen?« Es gab eine ganze Reihe interessanter Ideen und Szenarien, doch letzten Endes entschied sich das Team per Abstimmung für drei Favoriten, die in Absprache mit den Projektpartner gewählt wurden.

Idee 1: Abholstation

Eine Abholstation funktioniert folgendermaßen: Im Inneren befinden sich im Kreis angeordnete Kühlcontainer in mehreren Etagen. Jede Etage der Container kann unabhängig gedreht werden. Jeder einzelne Container kann unterschiedlich, in Abhängigkeit vom Inhalt gekühlt werden. Neben der Lieferung oder der Selbstabholung am Markt bietet die Abholstation an zentralen Verkehrsknotenpunkten des öffentlichen Nahverkehrs höchste Autonomie, verbunden mit maximaler Zeit- und Wegeeffizienz. Aufgrund der hohen zeitlichen Flexibilität – die Abholstation ist 24 Stunden am Tag zugänglich – und der anonymen Selbstbedienung ist ihre Benutzung absolut zeitsparend und wegeeffizient.

Einkäufe werden in Tüten in den Container zur Abholung bereitgestellt und vom Kunden nach Eingabe eines Sicherheitscodes durch eine sich automatisch öffnende Tür entnommen, wobei dann alle zum Kunden gehörenden Container übereinander angeordnet werden, bevor sich die Schiebetür öffnet. In dem vorgesehenen Modell können 48 Container untergebracht werden. Die Abholstation bietet für den Projektpartner zudem das Potenzial einer attraktiven Kommunikationsfläche.

Idee 2: Virtuelles Regal

Das virtuelle Regal soll so einfach gestaltet sein, dass es auf verschiedenen Endgeräten mit unterschiedlichen Displaygrößen einsetzbar ist. Neueste Bestell- und Lieferkonzepte sollen dabei integriert werden, sodass sich ein inspirierendes Einkaufen nahtlos in den Alltag des Yuppies integrieren lässt.

Das virtuelle Regal

Mit dem Begriff »Urban Store« wurden Terminals bezeichnet, die an Orten aufgestellt werden, an denen sich die Kunden gern aufhalten. Das können unter anderem Cafés, kleine Geschäfte oder auch Freizeiteinrichtungen sein. Auch Wartebereiche in Flughäfen und Fernbahnhöfen und sogar Tageskliniken sind dafür geeignet. Je nach Aufstellungsort können die Kunden an diesen Terminals dann einkaufen und sich so ihre Wartezeit verkürzen beziehungsweise Überbrückungszeiten nutzen.

Die virtuellen Regale sollen so gestaltet werden, dass sie auch den Vorstellungen ästhetisch anspruchsvoller Yuppies entsprechen und eine leichte Orientierung ohne Reizüberflutung ermöglichen. Durch fotorealistische Ansichten und gewohnte Platzierungen sollen Wiedererkennungseffekte genutzt werden, die einen Vorteil gegenüber den herkömmlichen verzeichnisorientierten Online-Bestellplattformen darstellen.

Die Kombination der Produkte in Regalen sowie das einfache Blättern zwischen diesen ermöglichen eine intuitive Auswahl, verbunden mit hoher Transparenz, die den Wünschen eines ungeduldigen und kritischen, manchmal auch gestressten Verbrauchers entgegenkommt. Durch das Speichern eigener Einkaufslisten lassen sich Standardeinkäufe besonders schnell erledigen.

Idee 3: Einkaufen in sMeet

sMeet ist eine Internetplattform, auf der man 3-D-Freunde an verschiedenen virtuellen Orten treffen kann. Gerade bei unterschiedlichen Produktwünschen der Partner ist eine Echtzeitkoordination notwendiger Einkäufe eine deutliche Erleichterung. Das Schlendern durch den virtuellen Markt ist zeit- und wegesparend sowie flexibel in den Alltag integrierbar. Weitere Optionen bei sMeet sind die Teilnahme an moderierten Live-Events wie Kochshows sowie der zeitgleiche Informationsaustausch über Voice-Chat. Auch eine Rund-um-die-Uhr-Beratung für qualitätsbewusste Kunden ist möglich.

Die abschließende Testphase brachte nicht nur fast durchgängige positive Resonanz, sondern auch noch weitere Ideen, um das virtuelle Regal und die Abholstation optimieren zu können. Die Ideen des HPI Design-Thinking-Teams werden derzeit in Teilen vom Projektpartner umgesetzt.

4.2 Optimiertes Schreiben von Fernsehserien

Projektteam

- *Studenten:* Urs Bellermann (Kulturwissenschaften, Kommunikationswissenschaften), Linda Dorn (Universitätsmedizin), Sören Kupke (Betriebswirtschaftslehre), Nicole Winzer (Anglistik, Amerikanistik, Medienwissenschaften, Betriebswirtschaftslehre).
- *Teacher:* Prof. Dr. Christoph Lattemann, Tilmann Lindberg, Prof. Dr. Christoph Meinel, Margarete Pratschke, Daniel Rother.
- *Projektpartner:* Grundy UFA Potsdam.

Fernsehserien werden heute in einem geradezu industriell anmutenden Entwicklungs- und Produktionsprozess hergestellt. Kosten und Zeiteffizienz stehen dabei für die Produktionsfirmen und somit auch für den Projektpartner Grundy UFA im Vordergrund. Allerdings muss auch die Qualität stimmen. Die Grundlagen dafür legen die Autoren der Fernsehserien.

Mit dem Thema »TV-Authoring 2024« war das Projektziel, nämlich die Weiterentwicklung des Autorenprozesses in der effizienzorientierten Soap-Produktion, umrissen worden. Es lag nun am Design-Thinking-Team, dieses Thema näher zu konkretisieren.

Dazu war es nötig, Informationen darüber zu beschaffen, wie Grundy arbeitet und was TV-Authoring bedeutet. Um die Serienproduktion zu verstehen, konnte das Team sie an Ort und Stelle sehen und erleben. Dabei wurde sehr schnell klar, dass die Arbeit an einer Fernsehserie hoch komplex und zergliedert ist und dass die verschiedenen Arbeitsschritte stark miteinander verschränkt sind. Alle Produktionsstationen, vom Writer's Room bis zur Post Production und zur Ausspielung auf ein Sendeband, wurden besucht. Besonders ausführlich waren die Gespräche mit den Autoren, die erklärten, wie sie Schritt für Schritt die Geschicke der Serienhelden lenken.

Ungleichmäßige Technisierung

Bei der Erkundung der Produktionszusammenhänge fiel dem Design-Thinking-Team besonders die ungleichmäßige Technisierung der verschiedenen Bereiche auf. Während in Produktion und Post-Production digitale Techniken eingesetzt wurden, arbeitete das Autorenteam noch mit einfachen Karteikarten, auf denen allererste Szenenentwürfe auf Tafeln arrangiert wurden.

Manche Szenenentwürfe wurden mit Schokoladenriegeln und anderen Süßigkeiten dreidimensional nachgestellt, wobei es durchaus passieren konnte, dass der Hauptdarsteller versehentlich verspeist wurde.

Angesichts dieser Umstände entschied sich das Projektteam, sich in seiner Arbeit auf das Kreativkollektiv der Autoren zu konzentrieren. Dabei stützte man sich auf drei Schlüsselfaktoren:

- Autoren schaffen Bilder durch Worte.
- Autoren stehen zwischen Kreativität, Effizienzdruck und Technik.
- Autoren wechseln permanent zwischen individueller und Teamarbeit.

Insgesamt erarbeiteten die Studenten 38 Fragestellungen, aus denen sie die folgenden drei per Abstimmung auswählten:

- Wie können wir mit einer Technologie den Autor unterstützen?
- Wie können wir den Autoren helfen, visueller zu denken?
- Wie können wir dem Autor helfen, besser mit Begrenzungen umzugehen und trotzdem der Kreativität freien Lauf zu lassen?

Visualisierung des Drehorts mit Lego

Lego statt Schokoladenriegel

Der erste entwickelte Prototyp war die »Lego-Visualisierung (Levi)«. Diese Form der Visualisierung unterstützt die Autoren, ihre Szenenideen darzustellen und sie im Team leichter zu kommunizieren. Die Resonanz darauf war positiv, und die Autoren waren erstaunt darüber, nicht selbst auf die Idee gekommen zu sein, mit den überall erhältlichen Lego-Steinen und -Figuren ihre Schokoladenriegel-Inszenierungen auf ein anschauli-cheres Niveau zu heben.

Spezialsoftware statt Karteikarten

Der nächste Schritt bestand dann darin, die sogenannten Scenecards in ein anderes Medium zu überführen. Dass dies möglich war und wie dies möglich war, vermittelte das Design-Thinking-Team durch Hinzuziehung externer Experten.

Präsentation der virtuellen Karteikarten

Eine intuitive Spezialsoftware wurde prototypisch etnwickelt, die sich auf die Bedürfnisse und die Arbeitsgewohnheiten der Autoren abstim-

men lässt, um die komplexe Logik, die das industrielle Geschichten-
schreiben mit sich bringt, in den Griff zu bekommen. Gleichzeitig war
man in der Lage, einen zentralen Informationsfluss herzustellen, der die
globale Produktionssteuerung erleichtert und eine Effizienzsteigerung
ermöglicht.

Statt sich weiterhin auf die Zettelwirtschaft zu konzentrieren, könnten die Autoren mithilfe eines Touchscreen, einer Spracherkennung und
eines intuitiven Interfaces sich auf das konzentrieren, was sie tun sollten, nämlich eine gute Geschichte entwickeln.

Der Autorenprozess wird von Anfang an digitalisiert und spätere
Übertragungen oder Zwischenformate sowie die damit möglicherweise
auch verbundenen Fehlerquellen entfallen. Die Realisierung dieser Idee
wird jetzt von Grundy UFA vorangetrieben.

4.3 Von Mitgefühl zu persönlichem Engagement

Projektteam

- *Studenten:* Lisa Davidson (Rechtswissenschaften), Robin Mehra (Volkswirtschaftslehre), Alexander Warth (Produktgestaltung), Antonia Wittmers (Informatik, NF Medizin).
- *Teacher:* Prof. Dr. Niels Billou, Dipl.-Ing. Stefano Consiglio.
- *Projektpartner:* Stiftung Betterplace Foundation Berlin.

Ziel des Projekts war es, herauszufinden, wie das oft ungenutzte Potenzial in der Bevölkerung, sich sozial zu engagieren, besser in konkrete persönliche Aktivität umgewandelt werden kann.

Die grundlegende Schwierigkeit ist bekannt: Viele Menschen registrieren soziale Probleme in ihrem Umfeld und fühlen sich auch verantwortlich dafür, Lösungen zu finden. Aber oft ist es für sie schwierig, für solche wohltätigen Zwecke aktiv zu werden und beispielsweise freiwillige Arbeitseinsätze zu leisten oder Geld zu spenden. Entweder fehlt es am Vertrauen in Hilfsorganisationen oder aber an Informationen über Möglichkeiten des persönlichen Engagements. So bleibt ein großes Potenzial der Bereitschaft zu sozialem Engagement ungenutzt. Diese latente Hilfsbereitschaft in konkrete Aktivität umzuwandeln, war das Ziel des Projekts.

In der Recherche-Phase führten die Studenten zahlreiche Interviews mit Spendern und Nichtspendern, mit Spendeninitiatoren und -organisationen sowie mit Unternehmensvertretern durch, um herauszufinden, aus welchen Gründen gespendet wird. Da der Projektpartner bereits über eine Online-Spendenplattform verfügt, konzentrierte man sich auf den Bereich des Online-Spendens.

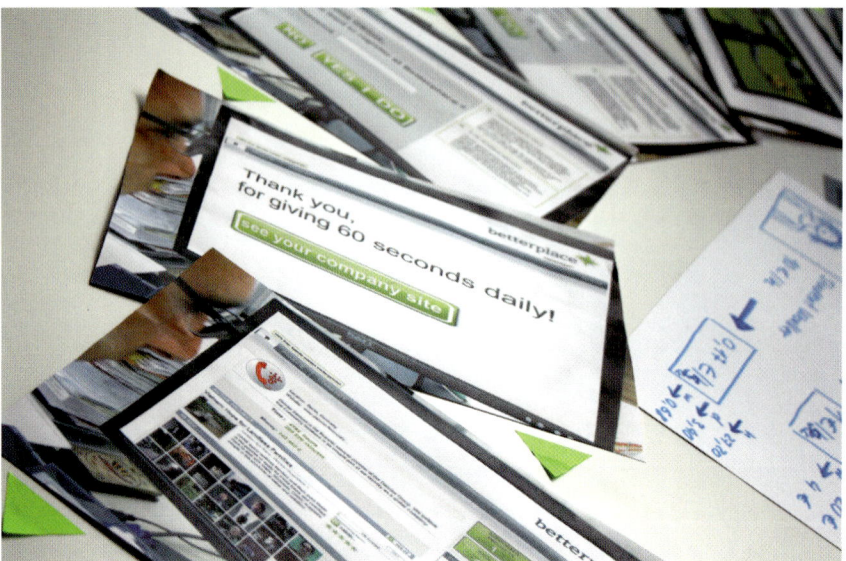

Internetseite als Papier-Prototyp

Fünf fiktive Personen

Anschließend entwickelte das Team einen Point of View in Form von fünf fiktiven Personen auf unterschiedlicher Stufe der »Spender-Evolution«, das heißt mit unterschiedlichen Ansichten zum Thema Spenden:

- *Jonas,* der keinerlei Verantwortung spürt, steht am Anfang der Evolutionsstufe.
- *Kathrin* hat Spenden noch nicht in ihr tägliches Leben integriert.

- *Frank* sieht Spenden als Möglichkeit, seinen »trendy Lifestyle« zu zeigen.
- Für *Melissa* ist es eine Verpflichtung, weil sie weiß, wie man sich fühlt, wenn man Hilfe braucht.
- *Tim* steht am Ende, für den Spenden ein Teil seines Lebens ist.

Im anschließenden Brainstorming wurden mehr als siebzig Ideen gesammelt, wie man Spenden in das tägliche Leben der Menschen integrieren, die Internet-Community von Betterplace vergrößern, das Argument vom »Tropfen auf den heißen Stein« entkräften, eine selbstverständliche Spenderpraxis kreieren und Firmen als Multiplikator von Betterplace einsetzen kann.

Wissen weitergeben: 60 Sekunden Arbeitszeit spenden

Das Projektteam wählte zwei endgültige Prototypen aus, die Weitergabe von Wissen und die Aktion »60 Sekunden für Betterplace«. Die Online-Plattform von Betterplace soll in der Form erweitert werden, dass die Menschen nicht mehr nur Geld, Kleidung oder aktive Mitarbeit spenden können, sondern auch Wissen, etwa in Form von Unterricht in dem Fach, das sie selbst gut beherrschen.

Um auch Unternehmen als Multiplikatoren in die Spendenplattform einzubinden, sollen diese unter dem Motto »Spenden Sie 60 Sekunden Ihrer Arbeitszeit« miteinander in Wettstreit treten, wer größere und öffentlichkeitswirksamere Spendenaktionen organisiert. Solche Aktionen mit »gespendeter Arbeitszeit« könnten gleichzeitig als Motivationstraining für die Mitarbeiter genutzt werden.

4.4 Suchen und Finden im sozialen Kontext

Projektteam

- *Studenten:* Björn Bethge (Produkt- und Umweltdesign), Johannes Erdmann (Politikwissenschaften, Lehramt Kunst, Politische Bildung, Französisch), Constanze Langer (Interaction Design), Thomas Schluchter (Publizistik, Musikwissenschaften, Kulturwissenschaften/Ästhetik).
- *Teacher:* Prof. Dr. Christoph Lattemann, Tilmann Lindberg, Prof. Dr. Christoph Meinel, Margarete Pratschke, Daniel Rother.
- *Projektpartner:* Immobilienscout 24 Berlin, Bundesagentur für Arbeit Nürnberg.

In diesem Projekt ging es darum, wie individuelle Suchprozesse im Internet durch die Einbeziehung des persönlichen sozialen Umfelds verbessert werden können.

Das Internet hat das Suchen der Menschen verändert. Suchmaschinen beantworten Fragen, die das Alltagsleben der Menschen betreffen: Wo finde ich die richtige neue Arbeitsstelle? Wo finde ich den richtigen Wohnraum? Doch zufriedenstellend sind diese Antworten in vielen Fällen nicht. Das liegt daran, dass es sich hier um einen komplexen Prozess mit vielen abhängigen Variablen handelt, darunter soziale Kontexte, unterschiedliche Lebensstile oder unbewusste Präferenzen. Kollegen, Freunde oder Familie spielen im Suchprozess eine entscheidende Rolle.

Zunächst traf sich das Projektteam mit den Projektpartnern zum gegenseitigen Kennenlernen und gemeinsamen Anskizzieren des Projektverlaufs. Bei einem Besuch der Bundesagentur für Arbeit in Berlin-Spandau wurden sowohl Mitarbeiter als auch Kunden interviewt. Die

Studenten informierten sich über die Jobvermittlung, speziell über das bestehende Stelleninformationszentrum, und simulierten dann eine Arbeitslos-Meldung inklusive Anlegung eines Datensatzes. Auch Immobilienscout 24 wurde besucht, um die Marktsituation und die Arbeitsweise des Unternehmens kennenzulernen. Hinzu kamen zahlreiche Interviews mit Freunden, Bekannten und Fremden auf der Straße über das Suchen und Finden: Strategien, Vorgehensweisen, speziell zu Job und Wohnung.

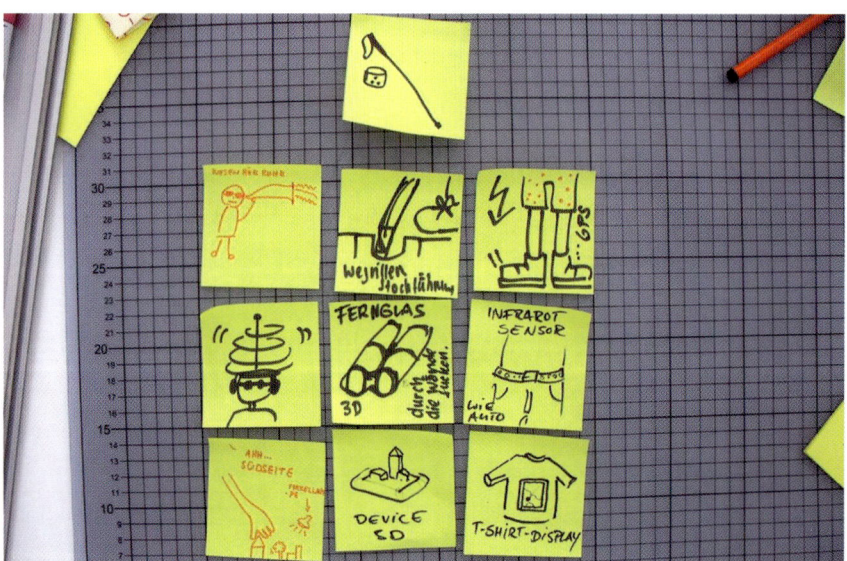

Erste Brainstorming-Ergebnisse

Die Ergebnisse der Einzelinterviews verglichen die Studenten nach Ähnlichkeiten und Mustern, wesentlichen Überschneidungen und Kernelementen. Es kristallisierten sich schließlich drei verschiedene Suchtypen von Menschen heraus. Während der Arbeit erkannte das Projektteam, dass der Vorgang des Findens und nicht der des Suchens im Vordergrund stehen sollte.

Integration von Arbeitsplatz und Wohnumfeld

Die Unterschiedlichkeit der Projektpartner erforderte einen Ansatz, der über die spezifischen Schwierigkeiten des einzelnen Projektpartners hinausgeht. Gemeinsam mit den Partnern wurde dann als Einstiegsfrage zum Brainstorming für die zweite Projektphase erarbeitet: »Wie können wir motivierten Menschen helfen, Informationslücken zu füllen, um bessere Entscheidungen bei der Wahl eines Lebensraums zu treffen, wenn wir unter Lebensraum die Integration von Arbeitsplatz und Wohnumfeld verstehen?«

Software-System als Papier-Prototyp

Lebenstraum

Nach dem Brainstorming erstellte und testete das Projektteam verschiedene Prototypen. Der endgültige Prototyp war »Lebenstraum«, eine neu entwickelte internetbasierte Software-Anwendung, die speziell auf die Arbeits- und Wohnungssuche bei einem Umzug in eine neue, unbekannte Umgebung ausgerichtet ist. In Web-2.0-Methoden wurden Informationen integriert, die in den bestehenden, üblichen Profilen für das Suchen von Wohnungen und Jobs nicht enthalten sind.

Präsentation des Prototyps

Wer auf der Suche ist, bildet zunächst sein eigenes Umfeld ab. Die Anwendung analysiert die Wohnsituation durch Merkmale wie Lage, Preis und Ausstattung der Wohnung. Daraufhin bekommt der Nutzer vergleichbare Wohnungen in der neuen Stadt angezeigt. Wenn er mit seinem bisherigen Umfeld zufrieden war, kann hier bereits die passende Wohnung dabei sein.

Der Nutzer kann aber auch die Suchparameter verändern, um neue Wünsche und veränderte Bedürfnisse abzubilden. Es besteht darüber hinaus die Möglichkeit, vertraute Bekannte anzugeben, deren Wohnsituation dann analysiert wird und etwas Vergleichbares in der Stadt gesucht wird. Zusätzlich werden Features wie die Anbindung an Communities und zu anderen Nutzern zur Verfügung gestellt.

4.5 Konferenz für nachhaltiges Handeln

Projektteam

- *Studenten:* Lena Ellermann (Bildende Kunst), Gesa Krey (Biochemie), Silvio Divani (Medienwissenschaften), Johannes Seibt (Tonmeister).
- *Teacher:* Prof. Dr. Holle Greil, Jörn Hartwig, Prof. Dr. Felix Naumann, Katja Thoring.
- *Projektpartner:* BAUM e. V. (Bundesdeutscher Arbeitskreis für Umweltbewusstes Management e. V.).

Der Verein BAUM plant eine langfristige Veranstaltungsreihe zum nachhaltigen Umweltmanagement. Die Aufgabe des Projektteams war es, neue und wirksame Methoden zu finden, wie diese Konferenzserie zur Umsetzung von nachhaltigem, umweltbewussten Management in Unternehmen führen kann.

Um zu Fachleuten zum Thema Nachhaltigkeit zu werden, führten die Studenten zahlreiche Interviews mit Vertretern von Großunternehmen und mittleren Unternehmern, mit Mitgliedern und Nichtmitgliedern von BAUM. Um Kenntnisse über die Organisation und das Management von Veranstaltungen zu erhalten und auch die jeweilige Atmosphäre mitzuerleben, besuchten sie verschiedene Events, vom Seminar bis zur Messe, und befragten die Veranstalter. Schließlich informierten sich die Studenten in Interviews mit Journalisten, Lehrern, Wissenschaftlern und Umweltlobbyisten über das Thema Wissenstransfer.

Auf der BAUM-Jahrestagung in Stuttgart erlebte das Projektteam, wie die bisherigen Konferenzen ablaufen. Es war eine anonyme Großveranstaltung, ein Frontalkongress mit stundenlangem Zuhören.

Dann wurden Ideen gesammelt, wie man es besser machen könnte. Ein Problem war die extrem heterogene Nutzergruppe. Die Frage war: »Wie vermittelt man das Thema Nachhaltigkeit an Vertreter von Groß- und Kleinunternehmen der verschiedensten Branchen gleichzeitig, und wie erreicht man die Leute wirklich?« Die wichtigsten Punkte Netzwerk, Image, Geld und Wissen als Antrieb, auf eine solche Veranstaltung zu gehen, kristallisierten sich immer deutlicher heraus.

Das Team präsentiert den Prototypen

Im Brainstorming ging es also darum, wie man an einem Tag ein Gefühl für den Zusammenhang Ökologie und Geld verdienen schaffen, wie man die Schönheit der Natur unter Wahrung der Seriosität erfahrbar machen, wie man die Menschen aktivieren und wie man Konkurrenzstreben als Motor für nachhaltiges Wirtschaften nutzen kann.

Mentoren statt Großevent

Relativ schnell stellte sich heraus, dass man mit einem Großevent von mehreren Hundert Leuten das gesetzte Ziel nicht erreichen kann. Stattdessen dachte das Projektteam immer mehr in Richtung eines kleinen Events, das Menschen aktiviert, die dann den Gedanken des nachhaltigen Wirtschaftens wie Viren in die Welt hinaustragen.

Es entstand als Prototyp das Konzept »Level-up-Kampagne für nachhaltiges Management«. Nachhaltiges Handeln soll zu einer Bewegung werden, sodass es »normal« wird, beim Wirtschaften auf die Umwelt zu achten. Sogenannte Nachhaltigkeitsmentoren sollen nach einer Schulung die Nachhaltigkeitsbewegung verbreiten. Sie sollen Wirtschaftsprozesse in Firmen analysieren und dann Empfehlungen entwickeln, wie diese umweltfreundlicher gestaltet werden können.

Die Mentoren sollen kleine regionale oder branchenbezogene Gruppen bilden, sogenannte Netzwerktische, die Nachhaltigkeitswettbewerbe zwischen vergleichbaren Unternehmen starten, die auf der Level-up-Internetplattform nachvollziehbar sind. Dieser Wettbewerb soll die Antriebskraft für die Firmen sein, denn schließlich kann selbst die Öffentlichkeit den Fortschritt permanent einsehen. Als Belohnung winkt den erfolgreich teilnehmenden Firmen ein großes, öffentliches Event, was eine hohe Medienaufmerksamkeit auf sich ziehen wird.

Die teilnehmenden Firmen können also mehrfach profitieren. Zum einen wird ihnen beim Umsetzen von Wissen in Handlung geholfen, was auf längere Sicht höhere Gewinne verspricht. Zum anderen werden Image und Prestige durch die Öffentlichkeitswirkung gefördert. Drittens wird den Unternehmen durch die Teilnahme am Wettbewerb ein großes Netzwerk zugänglich. Und schließlich erleichtert dieser ihre Kommunikationsarbeit.

4.6 Selbstständigkeit von Menschen mit geistiger Behinderung

Projektteam

- *Studenten:* Beate Ronneburger (Erziehungswissenschaften), Christine Schnaithmann (Kulturwissenschaften, Informatik), Georg Schumm (Biologie), Frank Zopp (Publizistik, Kommunikationswissenschaften, Amerikanistik).
- *Teacher:* Prof. Dr. Niels Billou, Dipl.-Ing. Stefano Consiglio, Alexander Renneberg, Prof. Dr.-Ing. Werner Zorn.
- *Projektpartner:* Lernmobil e. V. Berlin, Special Olympics Berlin.

Obwohl Menschen mit geistiger Behinderung heute dank moderner Betreuungsangebote und der Aktivitäten von Hilfsorganisationen schon an wesentlich mehr Aktivitäten teilnehmen können als noch vor einigen Jahren, haben sie ohne Begleitung noch keinen Zugang zu vielen Bereichen des öffentlichen Lebens wie Freizeit, Einkauf und Verkehr. Viele wagen sich nur selten ohne Begleitung in die Öffentlichkeit.

Zwar gibt es für körperlich Behinderte schon in vielen Bereichen Barrierefreiheit, aber nicht für geistig Behinderte. Während es völlig normal ist, Körperbehinderte zu unterstützen, werden geistig Behinderte meist als störend empfunden.

Ziel des Projekts war es, Menschen mit geistiger Behinderung in die Lage zu versetzen, selbstständig am öffentlichen Leben teilzunehmen, dass sie sich besser zurechtfinden und kommunizieren und erfolgreich Alltagsaufgaben erledigen können.

In der Recherche-Phase interviewten die Studenten viele Menschen mit geistiger Behinderung, ihre Betreuer, ihre Familienangehörigen und ihre Arbeitgeber. Dabei sammelten sie eine überwältigende Fülle von Informationen und Eindrücken. Verdichtet ergab sich, dass es für geistig Behinderte Bereiche unterschiedlich starker Betreuung gibt, woraus unterschiedliche Möglichkeiten, selbstständig zu agieren, erwachsen.

Das Team und die Lernmobil-Teilnehmer mit Kartenset

Die Interaktion mit Fremden erfolgreich gestalten

Es folgte ein Brainstorming mit Vertretern von Lernmobil, wobei zahlreiche Fragen festgehalten wurden. Die Frage, die schließlich zu dem Prototypen führte, war: »Wie könnten wir die Interaktion mit Fremden erfolgreicher gestalten?«

Es kristallisierten sich drei Ideen als Prototypen heraus: der Tag des Menschen mit geistiger Behinderung, das Dankeschönbutton und ein Wegekartenset. Diese drei Prototypen wurden getestet, und dann entschied man, sich auf das Kartenset zu konzentrieren.

Ein Kartenset für bessere Orientierung

Schließlich wurde ein Set mit drei Kartentypen entwickelt: Bedürfniskarten, Wegekarten und eine Notfallkarte. Die Bedürfniskarten sollen es Menschen mit Artikulationsproblemen erleichtern, Fremde gezielt um Hilfe zu bitten. Wegekarten sollen zusätzlich die Mobilität und Orientierung im öffentlichen Raum erleichtern. Und die Informationen auf der Notfallkarte geben Helfern wichtige Hinweise für ein angemessenes Vorgehen in medizinischen und anderen Notfällen.

Die Karten enthalten sowohl Bild- als auch Textinformationen. Grafische Darstellungen machen den Umgang mit den Karten auch für diejenigen möglich, die nicht lesen können. So sind etwa Wegstrecken durch Bilder von Häusern oder anderen Landmarken dargestellt, an denen abgebogen werden muss. Kurze Texte richten sich vor allem an fremde Unterstützer, die auf der Straße angesprochen werden, wenn der betroffene Mensch mit geistiger Behinderung nicht mehr allein weiterkommt und einfach Hilfestellungen benötigt.

4.7 Alternative Nutzungsmodelle für Messegelände

Projektteam

- *Studenten:* Agnes Bognar (Betriebswirtschaftslehre), Maria Rastrepkina (Software Engineering), Philip Gries (Soziologie, Kulturwissenschaft), Hagen Overdick (Software Engineering), Christian Speelmans, (Architektur).
- *Teacher:* Margarete Pratschke, Prof. Dr. Christoph Lattemann.
- *Projektpartner:* Deutsche Messe AG, Hannover.

Ziel des Projekts war es, neue Ideen für alternative Nutzungsmöglichkeiten von bestehenden Messegeländen zu entwickeln und damit zusätzliche Einnahmequellen zu schaffen.

Untersuchungsobjekt war das weltweit größte Messegelände der Welt in Hannover. Dort finden seit Jahren die Hannover Messe und die CeBIT statt, die jeweils mehrere hunderttausend Besucher anziehen. Im Rahmen der Expo 2000 wurde das Messegelände durch zahlreiche neue Gebäude erweitert. Neue Verkehrswege wurden geschaffen, die es vielen Tausenden Besuchern ermöglichen, gleichzeitig auf das Gelände zu gelangen.

Aber nicht alle Hallen werden permanent genutzt, sondern die meisten Flächen des Messegeländes sind jeweils ein Viertel des Jahres überhaupt nicht in Gebrauch.

Zur Recherche fuhr das Projektteam nach Hannover, besichtigte das Messegelände, interviewte sowohl Mitarbeiter der Messe AG als auch Nutzer des Messegeländes und informierte sich darüber hinaus über andere Messegelände und verwandte Projekte. Es kristallisierten sich dabei drei mögliche Untersuchungsobjekte heraus, die Halle 1, die neuen Hallen oder das Freigelände. Man entschied sich schließlich für die Halle 1.

Old broken Heart

Als Point of View stellte sich heraus: Die Halle 1 ist ein »old broken Heart«, hat aber einige wichtige Besonderheiten: Sie ist das formelle Zentrum der CeBit. Sie verfügt über wichtige ausgeprägte architektonische Charakteristika. Viele Menschen haben emotionale Bindungen an die Halle 1: 1986 erste Heimstadt der CeBiT und bis heute größte Messehalle der Welt.

Im folgenden Brainstorming wurden verschiedene Möglichkeiten, was man mit der Halle machen könnte, notiert und diskutiert. Das Team stellte zum Beispiel diese Fragen: Wie könnten wir die Fahrstühle der Halle für Business- und Party-Aktivitäten nutzen? Wie könnten wir die Halle in ein modernes digitales, interaktives Gebäude umwandeln? Wie könnten wir die Halle in einen virtuellen Raum umwandeln? Wie könnten wir die Wände nutzen? Wie könnten wir die Halle für Sport und Erholung nutzen? Wie könnten wir die Halle mit dem Park verbinden? Wie könnten wir die Sonne in die Halle bringen? Wie könnten wir die Dunkelheit des Raums für neue Funktionen nutzen? Wie könnten wir das Dach nutzen?

Die Herausforderung für das Projektteam war es, die Halle 1 auf dem Messegelände in Hannover zu reanimieren, damit diese so attraktiv wird, dass die Leute sie lieben und gerne nutzen. Dazu entwickelten sie vier Schritte:

CeBit: Die neue Halle 1 als Modell

Der erste Schritt bezog sich auf die Infrastruktur und die Verbindungen unter dem Motto: Das Herz brechen. Man wollte das Äußere nach drinnen bringen (horizontale Verbindung) und die Verbindungen von der Halle zum Dach verbessern (vertikale Verbindung).

Ausgewogene Nutzung des Dachs

Im zweiten Schritt ging es um die Nutzung des Dachs, wobei eine ausgewogene Mischung aus verschiedenen Aktivitäten angestrebt wurde. Diese sollten sowohl der Erholung des Körpers als auch der Seele dienen, also Essen, Trinken, Schlafen und Bewegung umfassen. Und es sollte sich um ein inspirierendes Angebot handeln, nicht um ein klassisches.

Angedacht wurden Workshops, Ideenmessen, ungewöhnliche Ausstellungen und Projekte.

Der dritte Schritt beschäftigte sich mit dem Wandel von Altem zu Neuem und mit der Mehrzweck-Nutzung der Halle 1.

Der vierte Schritt bestand aus der Entwicklung eines Konzepts für Ausstellungen, die wettbewerbsfähig zu realisieren sind, sowie der Ideenfindung für die innovative Gestaltung des Dachs zu einem anregenden Raum, der vor allem dem Austausch und der Gemeinsamkeit dienen kann.

Team vor dem Modell der Halle 1

Es folgte das Prototyping. Der erste Prototyp zeigte die Halle 1 als eine Mischung verschiedener Aktivitäten. Einbezogen wurden: Arbeiten, Erholen, Sport, Wettbewerbe, Inspiration, Marktplatz der Ideen, Wasserfall, Essen und Trinken, Freizeit-Gelände, Grünflächen, Strand, verschiedene Ausstellungsräume sowie ein Party-Raum.

Dazu befragte man dann die Projektpartner und die potenziellen Kunden. Das Feedback schrieben die Studenten auf kleinen Zetteln auf und klebten diese an die Wand. Am Prototyp der Halle 1 und des umgebenden Geländes auf einer großen Platte wurde versucht, die reale Welt nachzubilden, es wurden verschiedene Szenarien durchgespielt und alltägliche Probleme simuliert. Entsprechend der Ergebnisse der gemeinsamen Überlegungen erstellten die Studenten dann den endgültigen Prototyp.

Was haben die Studenten in diesem Projekt gelernt?

Um die besten Lösungen zu finden, ist es wichtig, Partner und potenzielle Kunden zusammenzubringen. Der entwickelte Prototyp ist eine Vision, wie zukünftige Messegelände aussehen können. Und letztens: Das Reanimieren der Umgebung schafft neue Ideen für die Nutzung.

Monat sparten Sie

25 m² Wald 🔥 1,25 t CO₂

Verbrauch

Februa

Verbrauchs-
statistiken

Verbrauch
stel

Verbrauchs-
statistiken

4.8 Energie nachhaltig nutzen

Projektteam

- *Studenten:* Franziska Lebrenz (Bauingenieur), Jens Moeke (Informatik), Joel Kaczmarek (Europäische Medienwissenschaft), Maximilian Wimmer (Business Innovation).
- *Teacher:* Prof. Dr. Holle Greil, Jörn Hartwig, Prof. Dr. Felix Naumann, Katja Thoring.
- *Projektpartner:* Siemens Building Technologies, Vattenfall Europe.

Fossile Energieträger wie Öl, Kohle und Gas, werden immer knapper und damit teurer. Gleichzeitig liberalisiert sich der Energiemarkt für den Verbraucher. Deshalb ist eine nachhaltige und wirtschaftliche Energienutzung ein wichtiges Thema, das mittlerweile spürbar jeden Einzelnen betrifft.

Immer mehr Menschen kaufen Energiespargeräte oder wechseln nach Jahrzehnten sogar erstmals ihren Versorger. Viele tun das, um Geld zu sparen, andere wollen Gutes tun und nachhaltiges Engagement unterstützen. Insgesamt ist aber die Verhaltensänderung noch nicht weit verbreitet. Den Menschen scheint es zu aufwendig, Energieeffizienz und »persönliche Nachhaltigkeit« in das Alltagsleben zu integrieren.

»Wie können wir die Menschen dazu bringen, Energie zu sparen?« Mit dieser Frage begann das Projektteam seine Recherche. Die Studenten hörten Vorträge, besuchten eine Musterwohnung für Telematiksysteme, ließen sich bei Vattenfall den Prozess der Stromgewinnung und -distribution erklären und führten vor allem zahlreiche Interviews mit Nutzern, um zu erfahren, was den Menschen bewegt, tatsächlich Energie einzusparen.

Um die Bedürfnisse und Beweggründe intensiv zu erforschen und anschließend einen sogenannten Point of View zu entwickeln, war es notwendig, die Komplexität der Thematik zu reduzieren. Das Projektteam beschloss, sich bei der Recherche ganz auf Stromenergie zu konzentrieren. Die Recherchen brachten folgende Ergebnisse:

- *Strom ist abstrakt!* Was kann man eigentlich mit einer Kilowattstunde machen? Kaum jemand weiß genau, wie der Strom in die Steckdose kommt. Er ist immer da, aber man kann ihn nicht sehen. So bemerkt man nicht, wie viel davon verbraucht wird. Und das ist eine denkbar schlechte Basis, zum Energiesparer zu werden.
- *Energiesparen ist theoretisch!* Wie sieht man denn überhaupt, dass man Strom spart? Für die meisten ist es schwierig, Auswirkungen von Energieverschwendung zu sehen. Weltweite Klimaveränderungen sind einfach schwer mit dem persönlichen Energieverbrauch in Verbindung zu bringen.
- *Handeln ist anonym!* Bewirkt mein Tun überhaupt etwas? Viele wollen sparen, wissen aber oft nicht, was Sinn macht. Der Überfluss an Berichten in den Medien verunsichert und hinterlässt oft das Gefühl der Machtlosigkeit. Außerdem herrscht nach wie vor große Scheu vor Investitionen, da in der Wahrnehmung der Aufwand und Nutzen oft weit auseinanderliegen. Unerheblich ist, ob es sich dabei um eine einzelne Energiesparlampe oder um eine Photovoltaikanlage auf dem Dach handelt.

Ein Motiv zum Energiesparen ist der Geldbeutel: Die jährliche Betriebskostenabrechnung ist für viele bisher das Einzige, was Strom »sichtbar« macht. Wie viel Strom sie verbraucht haben, erfahren die Nutzer prinzipiell erst nach einem Jahr. Umweltbewusstsein ist ein weiteres Motiv. Immer mehr Menschen denken darüber nach, wie sie dazu beitragen können, den folgenden Generationen eine lebenswerte Welt zu hinterlassen.

Für die weitere Arbeit formulierte das Projektteam zwei wesentliche Fragen: Wie schaffen wir es, Strom sichtbar zu machen? Und wie setzen wir Anreize für das Energiesparen?

Orientierung nach dem Brainstorming

Das Unsichtbare sichtbar machen

»Wo ist jetzt schon der Verbrauch sichtbar?«, fragten sich die Studenten. Neben der Jahresabrechnung ist das vor allem der altbekannte Stromzähler. Dieser befindet sich bei manchen Menschen in der Wohnung, aus ästhetischen Gründen aber oft an einer versteckten Stelle. Insbesondere in Mietshäusern findet man den Stromzähler im Keller, aus Sicherheitsgründen meist auch noch hinter verschlossenen Türen.

Die Recherchen ergaben weiterhin, dass im Jahr 2008 im Stromzählermarkt mehr Wettbewerb entstand, weil der Zugang zum Zähler liberalisiert wurde. Künftig werden deshalb viele Anbieter darum wetteifern, ein eher partnerschaftliches Kundenverhältnis zu schaffen, die Verbrauchsdaten der Nutzer auf neue Weise aufzubereiten und vielfältige Zusatzdienstleistungen anzubieten. Die technische Basis dafür ist eine neue Generation von Zählern.

Die neuen elektronischen Stromzähler mit Funktechnologie erleichtern den Prozess der Datenerfassung und leisten einen entscheidenden Beitrag für zukünftige Verbrauchstransparenz, bessere Kostenkontrolle und Klimaschutz. Gemessen wird aber lediglich der Gesamtverbrauch. Das Lokalisieren der einzelnen Stromverbraucher im Haushalt ist nicht möglich. Dies geht bisher nur, wenn alle Steckdosen über einen zusätzlichen Empfänger per Funk abgefragt werden, was mit einem erheblichen Installations- und Kostenaufwand verbunden ist. Außerdem gehen bei den bisher bekannten Zählern die Informationen zunächst ungesehen am Nutzer vorbei.

Der Nutzer möchte aber situativ Energie sparen und augenblicklich Kontrolle ausüben. Sein momentanes Verbrauchsverhalten kann er bisher nur einsehen, wenn er sich via Internet Zugang verschafft, was den meisten Menschen zu umständlich ist. Nur eine Anzeige in der Wohnung, die ständig über die Verbrauchswerte informiert, animiert dazu, sich mit seinem persönlichen Verbrauchsprofil und der Energieeffizienz im eigenen Haushalt realistisch auseinanderzusetzen.

Point of View: Sichtbarkeit und Deutlichkeit

Damit war der erste Fokus klar: Sichtbarkeit. Der Nutzer braucht jederzeit direktes Feedback zu seinem aktuellen Verbrauch. Der Stromzähler – oder möglicherweise auch nur ein Display – müsste also zum Ablesen in der Wohnung für jede Verbrauchssituation verfügbar sein. Deshalb der zweite Fokus: Deutlichkeit. Der Stromverbrauch sollte für den Verbraucher optisch klar und verständlich erkennbar sein, damit er sehen kann, wo was verbraucht wird und wo gespart werden kann.

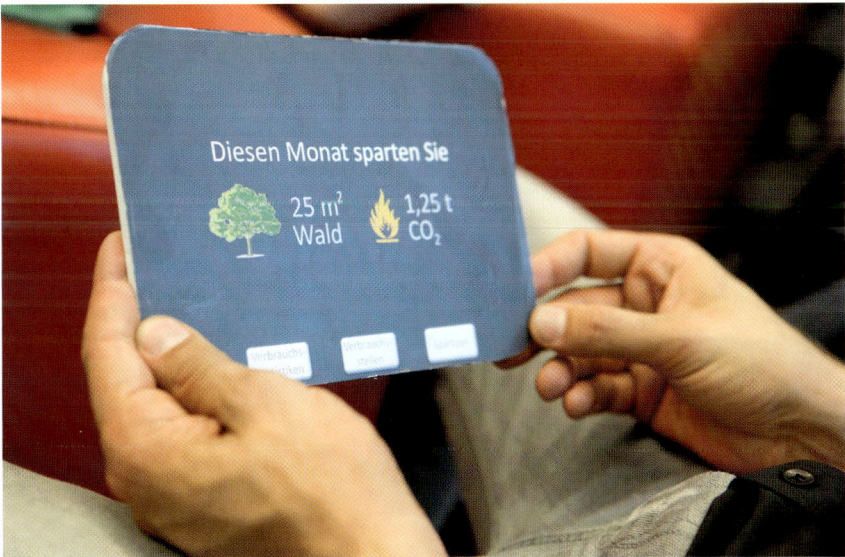

Energieverbrauch sichtbar machen

Das Projektteam hinterfragte auch die Messeinheit Kilowattstunde. Bedürfnisgerechter und wirkungsvoller wäre eine Anzeige in Euro. Oder lässt sich vielleicht auch Ökogewissen und Spaßfaktor kombinieren mit neuen Messeinheiten, zum Beispiel wie viele Bäume benötigt werden, um das ausgestoßene Kohlendioxid wieder zu binden oder wie viele Pedalstunden auf dem Heimtrainer geleistet werden müssten, um die verbrauchte Energie selbst zu erzeugen?

Danach erfolgte die Recherche, welche Technologien den Stromfluss sinnvoll erfassen können und welche Technologien für ein äußerst stromsparendes Display in Frage kommen. Schließlich wurde der Prototyp eines Zählers entwickelt, der nicht fest und schwer zugänglich im Keller steckt, sondern batteriebetrieben und mobil ist. Ein Sender nimmt direkt am Sicherungskasten die Verbrauchsdaten ab und sendet diese an ein Display, das an jedem beliebigen Ort in der Wohnung angebracht werden kann.

Als Alternative zur Angabe des Verbrauchs in Kilowattstunden ist auch eine Anzeige einer Ampel möglich, die den momentanen Verbrauch mit der geleisteten Abschlagszahlung vergleicht und auf »Rot« schaltet, wenn der Verbrauch den des Vormonats übersteigt. Außerdem kann der Stromverbrauch der vorhandenen Geräte im Standby-Betrieb abgelesen werden, und das in Euro, Kilowattstunden oder in der Menge des Kohlendioxidausstoßes, der bei der Produktion des verwendeten Stroms anfiel.

Wie kann man Anreize zum Energiesparen schaffen?

Während der zahlreichen Recherche- und Brainstorming-Phasen sah das Projektteam bei den Verbrauchern eine grundsätzliche Bereitschaft, etwas anzusparen und vorzusorgen und Gutes unterstützen zu wollen. Dieses Bereitschaftspotenzial wollte man kanalisieren. Es wurden verschiedene Szenarien durchgespielt, ob man ein Bonussystem einführen könnte. Die Studenten hatten festgestellt, dass keiner der Kunden positive Berührungspunkte mit seinem Energieunternehmen hatte, sondern eher negative.

Sie gelangten zu der Überzeugung, dass sich durch die Neuordnung der Verbrauchserfassung, Datenaufbereitung und -auswertung und im Wettbewerb um den Zugang zum Kunden neue Services entwickeln werden, die die einfache Kundennummer, die jeder Kunde der Energieversorger hat, in ein vielschichtiges Kundenkonto wandeln wird. Das Projektteam entwickelte deshalb ein Online-Energiekonto, das verschiedene Optionen bietet und den neuen mobilen Zähler sinnvoll ergänzt.

Stellt der Verbraucher am Ende des Monats fest, dass er weniger Strom verbraucht hat als kalkuliert, macht das System gleich Vorschläge, wie man das gesparte Geld einsetzen könnte. Der Verbraucher kann es ansparen und etwa in einen Fonds für regenerative Energie einzahlen, es für einen guten Zweck spenden oder es aber direkt, zum Beispiel in Form von gutgeschriebenem Handyguthaben, ausgeben. So lässt sich Energiesparen mit einem guten Gefühl oder persönlichen Vorteilen verbinden. Die Ergebnisse der Studentengruppe stießen auf soviel Resonanz, dass das Team den Aufbau eines Start-up-Unternehmens betreibt.

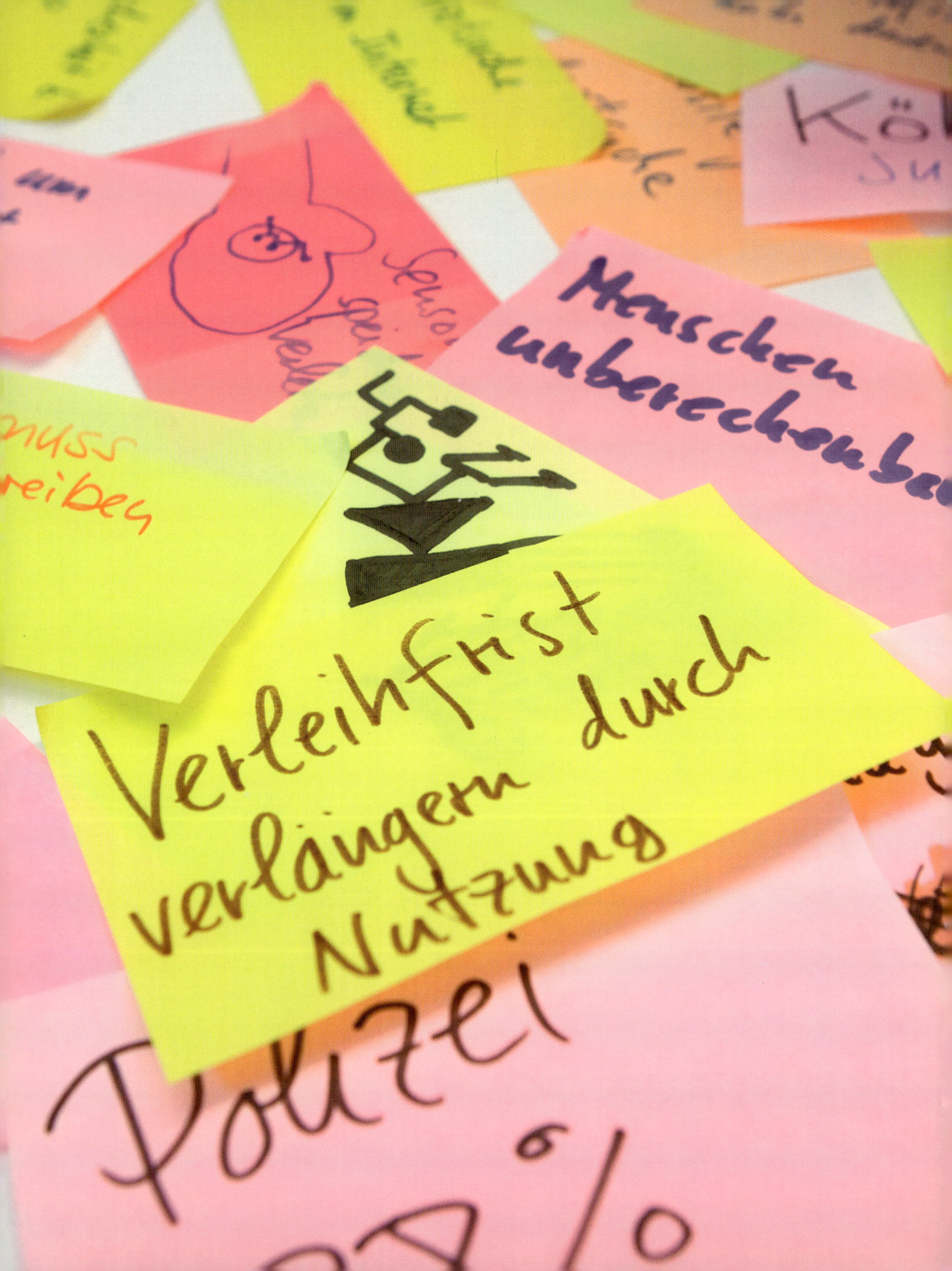
Menschen
Verleihfrist
verlängern durch
Nutzung
Polizei

4.9 Menschen vertrauen Menschen

Projektteam

- *Studenten:* Nadja Fleischer (Sozialwissenschaften), Stefan Pabst (Philosophie, Physik, Neuere Geschichte), Ioana Petrescu (Wirtschaftsingenieurswesen), Florian Steinhoff (Diplom-Designer, Medieninformatik).
- *Teacher:* Prof. Dr. Holle Greil, Jörn Hartwig, Prof. Dr. Felix Naumann, Katja Thoring.
- *Projektpartner:* Bundesdruckerei GmbH/Trust Innovation Department Berlin, T-Mobile Creation Center Berlin.

Ziel des Projekts war es, Ideen zu finden, wie man Vertrauen zwischen Menschen in unmittelbarer und sicherer Art und Weise herstellen und auch festigen kann.

Unser gesamtes Leben ist durch Vertrauen bestimmt. Nur durch Vertrauen können wir uns im Alltag bewegen. Wir vertrauen uns selbst, unseren Mitmenschen, aber auch der Technik, die uns umgibt. Dabei bestimmt Erfahrung zu einem großen Teil den Grad unseres Vertrauens. Werden wir einmal enttäuscht, ist es oftmals schwierig, dieses Verhältnis wieder zu stärken. Häufig werden Vertrauensverhältnisse durch mangelnde Kommunikation zerstört.

In unserer digitalen Welt versuchen Menschen häufig, in virtuellen Räumen neue Vertrauensverhältnisse aufzubauen. Aber können digitale Medien nicht auch dazu beitragen, Vertrauensverhältnisse in realen Alltagssituationen zu schützen und neue Vertrauensvehältnisse entstehen zu lassen?

Vertrauen beim Verleihen

Um das Thema einzugrenzen, entschied sich das Projektteam für Vertrauen im Zusammenhang mit dem Verleihen von Geld oder anderen Dingen. Gegenseitiges Verleihen bedarf einer Menge an Vertrauen und stellt in der heutigen Zeit eine wichtige Komponente in sozialen Strukturen dar.

Verleihen: eine neue Taste auf dem Mobiltelefon

Also war es die Aufgabe der Studenten, eine Lösung zu finden, wie man bestehendes Vertrauen unter Verleihpartnern bewahren und gleichzeitig die Kommunikation unterstützen kann. In der Research-Phase ging es nun darum, festzustellen, was Vertrauen eigentlich ist, und sie fragten nach, was es für die Menschen bedeutet. Das gesamte Team besuchte die

T-Laboratories der Telekom und konnte sich dort Inspirationen aus der Zukunft holen.

Beim Ordnen der während der Recherche erhaltenen Eindrücke stellte sich heraus, dass ein Kreislauf den Verleihprozess mit all seinen Etappen am besten darstellen kann. Nur wenn alle Stationen erfolgreich durchlaufen werden, entsteht eine positive Erfahrung und man ist bereit, erneut Dinge zu verleihen oder zu leihen.

Menschen an Dinge zu erinnern, die sie noch ausgeliehen haben, oder an Geld, das sie einem noch schulden, ist eine äußerst unangenehme Sache. So sammelte das Team in der Brainstorming-Phase Ideen, wie man es besser machen könnte, und machte sich dann an die Fertigung von Prototypen.

Der Lieblingsprototyp der Studenten war Shock, ein Plüsch-Teddy ohne Augen und mit einem Messer in der Brust. Er sollte als Erinnerungsfunktion für beste Freunde dienen, die einen guten Humor besitzen. Dabei wurde bewusst übertrieben, damit man die Erinnerung nicht vergisst, dem anderen aber auch nicht böse sein kann. Der Teddy musste aber schon nach den ersten Tests aufgegeben werden, weil er zu viele Risiken in sich barg.

Das Handy erinnert an Ausstände

Dann konzentrierte sich das Projektteam auf den Prototyp eines Handys mit einer neuen Software. Es entwickelte einen interaktiven Verleihmanager für Smart Phones, mit dem Verleihen richtig einfach und spannend wird.

So funktioniert das Gerät: Alle Beteiligten müssen sich lediglich bei dem Onlinedienst anmelden. Ist der geliehene Geldbetrag zwei Tage überfällig, erhält der Schuldner automatisch gut sichtbare Erinnerungs-meldungen in seinem Internetbrowser und auf seinem Mobiltelefon. Dabei können unterschiedlich harte Varianten gewählt werden.

Weitere Kommunikation ermöglicht

Doch das ist nicht alles. Über das System kann der Verleihende auch angeben, dass die geliehenen 20 Euro nicht in bar zurückbezahlt werden, sondern für einen gemeinnützigen Zweck gespendet werden sollen. Oder er kann eine gemeinsame Aktivität vorschlagen, wobei das System gleich eine Übersicht mit Konzerten oder Kinofilmen bietet, deren Eintrittsgeld dem geliehenen Geldbetrag entspricht.

Wenn Bücher oder Filme verliehen worden sind, kann der Ausleihende über das System mit anderen Menschen in Kontakt treten, die sich dasselbe Medium entliehen hatten, und mit ihnen über die Inhalte diskutieren. Außerdem ermöglicht das System, dem anderen als Dankeschön einen Musiktitel zugänglich zu machen, den dieser dann auf seinem MP3-Player anhören kann.

Mit dieser mobilen Verleih-Software hat das Projektteam einen Service geschaffen, der das Verleihen vereinfacht und sicherer gestaltet. Die Erinnerungsfunktionen verhindern auf spielerische Art und Weise das Vergessen und bauen somit Enttäuschungen vor. Die zusätzlichen Funktionen fördern soziale Interaktionen.

Register

Autoreninformation

Prof. Hasso Plattner (1944) kam als EDV-Spezialist 1968 zu IBM Deutschland, bevor er 1972 mit drei weiteren IBM-Mitarbeitern seine eigene Software-Firma gründete. Nach dem Börsengang 1988 erschloss SAP auch den internationalen Markt und avancierte in den 90er Jahren zum führenden Anbieter betriebswirtschaftlicher Software. Plattner, inzwischen Vorstandschef, weitete 1999 aufgrund wachsender Konkurrenz das bisherige Ein-Produkt-Unternehmen auf verschiedene neue Angebote aus. 2003 zog er sich in den Aufsichtsrat zurück, wo er nach wie vor an wichtigen Entscheidungen beteiligt ist.

Prof. Dr. Christoph Meinel (1954) studierte Mathematik und Informatik an der Humboldt-Universität in Berlin und promovierte dort 1981. Anschließend war er als wissenschaftlicher Assistent an der Humboldt-Universität und am Institut für Mathematik an der Akademie der Wissenschaften in Berlin tätig. 1988 habilitierte er sich. Nach Forschungsaufenthalten an der Uni Saarbrücken und einer Gastprofessor an der Uni

Paderborn wurde er 1992 zum Professor für Informatik an die Uni Trier berufen. Seit 2004 ist er CEO und Direktor des Hasso-Plattner-Instituts für Softwaresystemtechnik GmbH (HPI) und hat dort einen Lehrstuhl für Internet-Technologien und -Systeme. Daneben ist er Gastprofessor an der Uni Luxembourg und mit einem Teleteaching-Programm an der TU Peking.

Prof. Ulrich Weinberg (1958) studierte Grafik- und Malerei in München und Berlin. Danach war er im Fernseh-Grafik-Design bei mehreren Produktionshäusern tätig und spezialisierte sich auf 3-D-Computeranimation in künstlerischen, technischen und wissenschaftlichen Projekten für Unternehmen wie ARD, BMW, Daimler Benz, Siemens, Schering, Telekom oder ZDF. Er ist Gründer der Unternehmen Terratools und Cyparade mit Fokus auf 3-D-Animation, Simulation, Crossmedia-Projekte und Computerspiele. Seit 1994 ist er Professor für Computeranimation an der Hochschule für Film und Fernsehen in Potsdam/Babelsberg, seit 2004 Visiting Professor an der Communication University of China CUC in Peking. Seit Juni 2007 leitet er die School of Design Thinking am Hasso-Plattner-Institut in Potsdam.